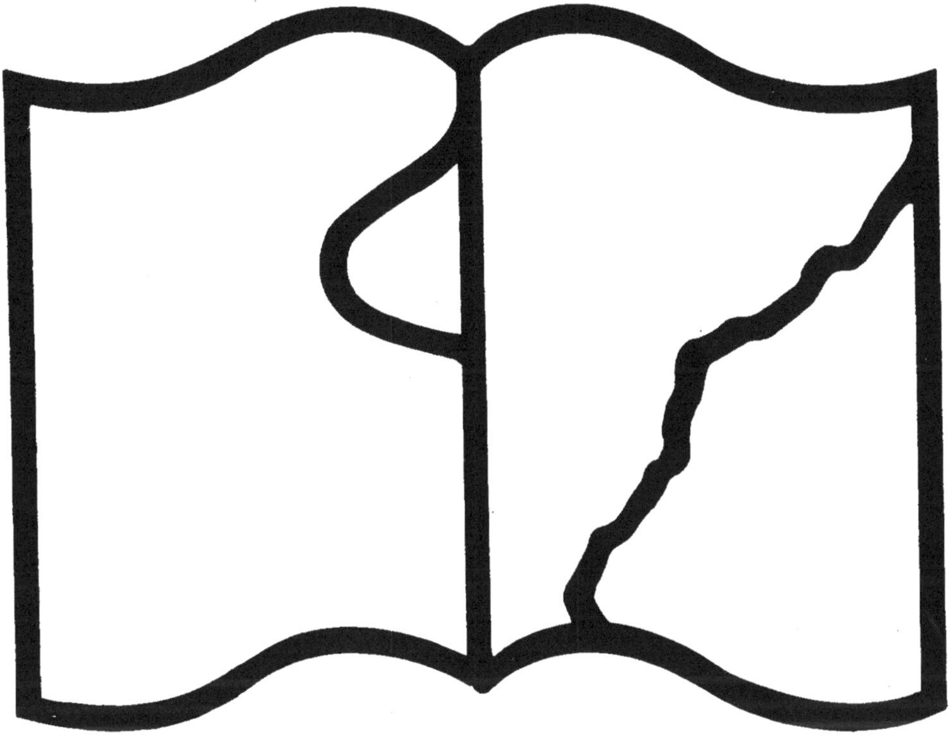

Texte détérioré — reliure défectueuse

NF Z 43-120-11

Martens et Galeotti

Fougères du Mexique

MÉMOIRE

SUR

LES FOUGÈRES DU MEXIQUE,

ET

CONSIDÉRATIONS SUR LA GÉOGRAPHIE BOTANIQUE

DE CETTE CONTRÉE,

PAR MM. M. MARTENS ET H. GALEOTTI.

PRÉFACE.

Parmi les plantes cryptogamiques dont l'étude offre le plus d'intérêt aux naturalistes, se trouve sans contredit cette belle famille des Fougères, où la nature a déployé dans le feuillage un luxe de formes que l'on ne rencontre dans aucune autre famille de plantes d'un ordre plus élevé. Si ces dernières l'emportent sur les Fougères par la multiplicité des organes, en revanche celles-ci nous présentent un feuillage infiniment plus varié et à formes plus élégantes ; de sorte que la simplicité de leur structure générale se trouve amplement compensée par l'immense variété et la haute perfection des formes que leurs frondes nous présentent. On dirait que les forces de la nature, toutes concentrées chez elles sur un seul organe, les parties foliacées, ont pu imprimer à celles-ci un degré de perfection et de développement, auquel les feuilles ne sauraient atteindre dans les plantes à organes plus multipliés ou à organisation plus complexe.

Ce qui augmente encore l'intérêt attaché à l'étude des Fougères, c'est qu'elles ont formé presque à elles seules la végétation primitive du globe, et que nos riches couches de houille ne paraissent être que le résultat de ces immenses forêts de Fougères en arbre, qui couvraient la terre avant la création de l'homme et des animaux, et qui ont été ensevelies à d'énormes profondeurs lors des grandes catastrophes que le globe a subies dans les temps les plus reculés. Déjà les botanistes se sont occupés à décrire, à l'aide des empreintes fossiles trouvées dans le terrain houiller, les différentes espèces de Fougères qui ont contribué à la production de la houille, en les rapprochant des espèces encore existantes de nos jours; ils ont reconnu ainsi que les Fougères fossiles ne se rattachaient généralement qu'à des espèces vivantes, appartenant aux contrées les plus chaudes du globe, et entre autres aux pays intertropicaux. L'étude des Fougères de ces contrées acquiert donc par là un nouvel intérêt, et l'on ne peut qu'applaudir aux efforts des naturalistes voyageurs qui cherchent à nous faire connaître le nombre immense des Fougères qui font partie de la végétation intertropicale. Ce sont leurs découvertes qui ont si considérablement agrandi de nos jours la vaste famille des Fougères. Du temps du célèbre Linné, on n'en connaissait encore que 200 espèces environ, et aujourd'hui, le nombre des espèces connues s'élève à plusieurs mille.

De tous les pays du globe, le Mexique est peut-être un de ceux qui sont les plus riches en Fougères. Aussi l'un de nous, M. Galeotti, dans un voyage scientifique qu'il a fait dans cette contrée, pendant les années 1835 à 1840, en a rapporté plus de 160 espèces, parmi lesquelles il y en a plusieurs encore inconnues jusqu'ici. Nous avons l'honneur de présenter à l'académie une notice sur ces Fougères mexicaines, en donnant la diagnose de celles que nous croyons inédites, et nous avons jugé à propos, pour la plus grande intelligence de nos descriptions, d'y joindre quelques figures des espèces les plus intéressantes ou de celles qui nous ont paru s'éloigner le plus des espèces connues.

Nous regrettons que les sources auxquelles nous avons pu puiser pour la rédaction de ce travail, aient été, en général, très-bornées, nos bibliothèques publiques offrant de grandes lacunes dans les collections d'histoire naturelle, et entre autres dans celles de botanique. Ainsi nous n'avons pu malheureusement consulter ni les travaux de Hänke et ceux de Kaulfuss sur les Fougères exotiques, ni les traités de Raddi, *De Filicibus, nova genera;* de Kunze, *Analecta pteridographica*, etc. Toutefois nous osons espérer qu'avec les matériaux que nous avons eus à notre disposition, tels que Hooker et Greville, *Icones Filicum;* Schkuhr, *Cryptogamia (Filices)*, et la continuation de cet ouvrage par Kunze; le *Synopsis Filicum americanorum* de ce dernier; Plumier, *De Filicibus americanis*, et divers ouvrages généraux, nous avons pu établir d'une manière assez exacte la détermination de nos Fougères mexicaines. Aussi n'y a-t-il qu'un petit nombre d'espèces sur lesquelles nous avons conservé quelques doutes.

Nous avons donné avec beaucoup de détails la diagnose des espèces que nous croyons inédites, parce que c'est le seul moyen de faire bien connaître ces espèces aux botanistes, et d'empêcher qu'on ne les confonde avec des espèces voisines déjà connues.

L'indication des localités, et, autant que possible, de la nature du terrain où les Fougères ont été rencontrées, a été faite avec beaucoup de soin d'après des notes recueillies sur les lieux par M. Galeotti. Nous espérons que cette partie du travail ne sera pas sans intérêt pour les géologues et pour ceux qui s'occupent de géographie botanique.

SYNOPSIS

FILICUM MEXICANARUM,

AB

HENRICO GALEOTTI IN REGIONIBUS MEXICANIS COLLECTARUM;

AUCTORIBUS

M. MARTENS et H. GALEOTTI.

LYCOPODIACEAE. Swartz.

—

I. LYCOPODIUM Linné.

A. exstipulata.

a. *Capsulis sparsis.*

1. Lycopodium linifolium. *Linn. Swartz. Willd.*
♃. (Collect. H. Galeotti, n° 6609.)

Cette espèce, à tige dichotome et resserrée, chargée de feuilles li-
néaires, acuminées, très-rapprochées et longues de 8 à 10 lignes, se

trouve pendante aux chênes de cette région tempérée , humide, riche
en Orchidées, située sur le versant oriental de la branche orientale
des cordillères mexicaines, où la température moyenne oscille entre
10° et 20° c., dont la hauteur au-dessus du niveau des eaux de
l'océan ne dépasse pas 5500 pieds, et dont la limite inférieure s'arrête
entre 2500 et 3000 pieds. C'est surtout sur les chênes de la colonie
allemande de Zacuapan et de Mirador (à 22 lieues ouest du port de
Véra-Cruz et à 3000 pieds d'élévation), et sur les Liquidambars de
Xalapa et de Huatusco que l'on rencontre cette Lycopodiacée.

MM. de Humboldt et Bonpland ont trouvé cette espèce dans les
forêts de la villa de Ibarra (Quito), à 5500 pieds. (SYNOPSIS, *Pl. OEq.*,
t. I, p. 98.)

2. LYCOPODIUM TENUE. *Kunze.*

Syn. LYCOPODIUM FILIFORME.? *Swartz.*

♃. (Collect. H. Galeotti , n° 6600.)

Cette espèce, à tige flasque très-ramifiée dichotome, à feuilles su-
bulées, imbriquées, un peu étalées, se trouve sur les Chênes du district montagneux de Villa-Alta (département d'Oaxaca), et surtout à
Llano-Verde , sommités calcaires, élevées de 7 à 8000 pieds, qui,
unissant les régions chaudes de Tanetze et de Villa-Alta aux régions
âpres et froides de la Sierra de Yavezia, offrent un mélange remarquable d'animaux et de plantes de climats si différents : ainsi , à côté
des *Pinus ,* des *Juniperus ,* de divers *Ranunculus ,* du *Garrulus sor-
didus ,* etc. , des terres froides , viennent se grouper des *Simploccos
coccinea ,* divers *Tillandsia ,* des *Hydrocotyle ,* qui ailleurs ne s'ac-
commoderaient que d'une température beaucoup plus élevée. Cette
localité de Llano-Verde nous a fourni une foule de plantes remarquables; aussi en avons-nous fait mention avec quelque satisfaction. Sa
distance d'Oaxaca est d'environ 24 lieues à l'est; sa situation est au
centre de la branche orientale des Cordillères du Mexique, dans le
voisinage de montagnes très-élevées. Sa température moyenne est de
15° c.

MM. de Humboldt et Bonpland ont trouvé le *L. tenue* près de Loxa, au Pérou, à 8000 pieds.

b. *Capsulis spicatis.*

3. Lycopodium aristatum. *Willd.*

Syn. Lycopodium piliferum. *Raddi.*

☾ ♃. (Collect. H. Galeotti, n°⁸ 6602 et 6610.)

Cette espèce, assez rare, grimpe sur les chênes qui entourent les grottes calcaires de Llano-Verde, dans la branche orientale de la cordillère d'Oaxaca, à environ 7000 pieds d'élévation ; nous l'avons aussi rencontrée s'étalant sur les rochers de Gilotepec, bourg à trois lieues de Xalapa, situé à 4000 pieds dans la vallée basaltique qui s'échappe du flanc NE. du coffre de Pérote. Cette espèce y acquiert 20 à 30 pieds de longueur.

Elle se retrouve au mont Silla de Caracas (Venezuela), à 5500 pieds environ.

B. stipulata.

a. *Complanata.*

4. Lycopodium thyoïdes. *Willd.*

♃. (Collect. H. Galeotti, n° 6604.)

Cette belle espèce, dont la tige, chargée de folioles courtes, imbriquées, imite les rameaux du *Thuya occidentalis*, abonde dans le sol calcaire et schisteux de la Chinantla, région tempérée de la déclivité océanique de la cordillère orientale d'Oaxaca, habitée par une tribu particulière d'indiens aux mœurs douces et craintives. Ce Lycopode terrestre se plaît dans les bois peu épais ; il entoure les *Arbutus*, les *Myrtes*, etc., qui composent presque uniquement la végétation des versants des montagnes de Villa-Alta ; de 4000 à 6000 pieds.

Cette espèce a été trouvée au mont Silla de Caracas (Venezuela), à 4500 pieds, par MM. de Humboldt et Bonpland.

b. *Stachynandra.*

5. Lycopodium circinale. *L.* (*non* Thunb.)

♃. (Collect. H. Galeotti, n° 6614.)

Cette espèce, à tige courte, à folioles ovales, imbriquées, très-serrées, est assez commune sur les rochers basaltiques et dans le sol humide des ravins qui découpent la cordillère occidentale dans les provinces de Michoacan et de Jalisco; sa zone favorite est entre 2500 et 3500 pieds d'élévation; à 3000 pieds elle y acquiert beaucoup de développement.

Ce joli Lycopode porte au Mexique le nom de *Flor de piedra* (fleur de pierre), parce que, pendant la saison sèche, ses tiges se groupent, se resserrent, la plante semble être alors privée de vie; mais la première pluie du mois de mai, en ramenant la fraîcheur du sol, humecte ses folioles et les fait épanouir; en quelques instants, la plante devient d'un beau vert et étale sa jolie forme évasée. On peut produire le même effet en plongeant la plante, à moitié sèche, dans un vase d'eau : on voit ses tiges se redresser ou plutôt se dérouler avec force et prendre la forme hypocratérique.

Dans le Michoacan on donne le nom de *Doradilla* à ce *Lycopodium.*

6. Lycopodium cuspidatum. *Link.* (*non* Hooker et Grev.)

♃. (Collect. H. Galeotti, n° 6613.)

Cette espèce, voisine de la précédente, mais à fronde toujours étalée, à folioles acuminées, d'un vert luisant, se trouve sur les rochers formés de conglomérats volcaniques qui bordent les ruisseaux des nombreux ravins des environs de la colonie allemande de Zacuapan. Elle se trouve aussi dans les ravins de la région tempérée et calcaire de la cordillère orientale d'Oaxaca, près des bourgs de Talea et de Villa-Alta.

Cette belle Lycopodiacée est assez abondante dans cette région tempérée chaude entre 2000 et 4000 pieds d'élévation absolue; mais la difficulté de descendre dans ces ravins à bords escarpés, nommés *barrancas*, au Mexique, et qui présentent souvent des murailles perpendiculaires de 1500 à 2000 pieds d'élévation (barrancas de San-Martin, de San-Francisco, de Teosolo, etc.), et au fond une végétation des plus enchevêtrées, rend cette espèce assez rare dans nos herbiers [1].

7. Lycopodium fruticulosum. *Bory*.

4. (Collect. H. Galeotti, n° 6607.)

Cette espèce, remarquable par ses épis rameux, est abondamment disséminée dans les bois humides et près des ruisseaux de la région tempérée du versant océanique de la branche orientale des Cordillères, surtout à Xalapa (au Monte Pacho) et dans les bois de chênes de la colonie allemande de Mirador. Sa zone principale serait entre 2800 et 4500 pieds d'élévation absolue.

Cette Lycopodiacée recouvre de grands espaces dans les bois du sol volcanisé des environs de Xalapa, à l'exclusion presque complète de toute autre plante herbacée. Il est à remarquer que, dans ces bois humides où les rayons du soleil ne pénètrent que rarement, les Lycopodiacées terrestres et plusieurs espèces de Fougères s'emparent du sol, et y croissent avec une telle abondance qu'elles ne permettent pas à d'autres petites plantes de s'y fixer.

8. Lycopodium flabellatum. *L.*

4. (Collect. H. Galeotti, n° 6606 bis.)

Cette espèce, très-voisine de la précédente et dont elle ne se distingue guère que par ses épis non rameux, se trouve beaucoup plus abondamment dans les bois humides de Xalapa, de Gilotepec (au NE. de Xalapa), près de Coatepec, Teosolo, Xico, San-Andres-Haneluoyacan (à l'O. de Xalapa), et de la colonie allemande de Mirador. Sa

---

[1] On ne doit pas confondre cette espèce avec le *L. cuspidatum,* Hooker et Greville (*Lyc. atroviride* de Wallich), qui se trouve dans l'île du Prince-de-Galles.

zone est plus étendue que celle du *L. fruticulosum ;* elle oscille entre 2500 et 5500 pieds.

9. LYCOPODIUM FLABELLATUM. *L.*

    Var. Strictum. *Nobis.*

    ♃. (Collect. H. Galeotti, n° 6608.)

Obs. *A priori specie differt caule ramosiore ac rigidiore, stipulis foliisque minoribus, magis confertis, atro-viridibus.*

Cette variété, à fronde très-resserrée, d'un vert noirâtre, se trouve fréquemment dans les forêts humides de cette sauvage portion orientale du département d'Oaxaca, habitée par les indiens Chinantecos ; région schisto-calcaire d'une fertilité admirable et d'une beauté presque incomparable ; forêts immenses qui recèlent une foule d'arbres précieux pour la médecine et l'ébénisterie, d'excellente vanille, de la salsepareille, du jalap, etc.; des animaux rares, tels que des tigres mexicains, des tapirs, etc., des couroucous pavonins ; région montagneuse, située entre 1500 et 6500 pieds de hauteur absolue, mais présentant entre ces deux niveaux de petites régions naturelles bien distinctes ; à 1500 pieds, le cotonier, le cacaoyer, des *Anona* de terre chaude ; de 2000 à 4000, les *Lycopodium flabellatum, cuspidatum,* des *Symploccos coccinea,* les *Myrtus,* des *Eugenia,* des *Laurus persea,* etc.; plus haut les chênes, puis les pins. On y rencontre de grandes rivières que l'on passe sur des ponts indiens, élégants et ingénieux, faits en lianes.

10. LYCOPODIUM STOLONIFERUM. *Willd.*

    ♃. (Collect. H. Galeotti, n° 6606.)

Cette Lycopodiacée, qui acquiert beaucoup de développement, partage avec les *L. flabellatum* et *fruticulosum* l'empire de certains bois humides des environs de Xalapa et de la colonie allemande de Mirador ; elle y est également très-abondante. C'est surtout au mois de juin qu'il faut la chercher pourvue de ses épis.

II. PSILOTUM. Sw.

11. Psilotum triquetrum. *Sw.*

♃? (Collect. H. Galeotti, n° 6605.)

Cette espèce croît dans les fissures des rochers de conglomérats volcaniques des environs de la colonie allemande de Zacuapan, là où la roche est dépourvue de tout humus, et ne permet qu'à quelques Agames, tels que les *Variolaria amara* Achard [1], *Pertusaria communis, β Areolata* Fr., de s'y fixer. Là où l'humidité aura fissuré la roche, on trouve cette espèce, sortant par touffes pendantes et égayant un peu la couleur cendrée du rocher. Les racines sont tellement implantées dans la pierre qu'il est très-difficile de se procurer un exemplaire complet.

Cette espèce, assez rare, ne dépasse pas la limite de 3000 pieds d'élévation absolue; elle se rencontre aussi plus bas, vers 1000 pieds, sur les rochers qui bordent le Rio Antigua.

12. Psilotum complanatum. *Swartz.*

♃. (Collect. H. Galeotti, n° 6605 bis.)

Cette espèce se rencontre sur les mêmes rochers que la précédente. En janvier et février, ces deux espèces sont tout à fait sèches, et ressemblent alors à des touffes d'herbes fanées.

OPHIOGLOSSACEAE. Klfs.

—

III. OPHIOGLOSSUM. L.

13. Ophioglossum reticulatum. *L.*

☉. (Collect. H. Galeotti, n° 6601.)

Cette espèce se trouve entre les Rénoncules, les petites Composées et les Ombellifères, au pied des rochers calcaires de Llano-Verde,

[1] Je saisis avec bonheur cette occasion pour marquer à notre savant confrère M. J. Kickx,

dans le sol marécageux de cette intéressante localité de la cordillère orientale du département d'Oajaca, à 7500 pieds d'élévation.

Lorsque nous avons trouvé cet *Ophioglossum* au mois de décembre, la température était si basse à cette époque de l'année, que l'herbe était recouverte de cristaux de glace, et pendant la nuit, dormant au pied d'un haut pin, entre deux grands feux, nous fûmes réveillés par les cris aigus des singes qui s'étaient abrités dans les crevasses des rochers au-dessus de nous. Cette espèce a été aussi rencontrée aux îles Bourbon, Maurice et St-Vincent, dans la Guyane et à l'île de Saint-Domingue.

14. OPHIOGLOSSUM PALMATUM. *L.*

♃. (Collect. H. Galeotti, n° 6603.)

Obs. *Specimen nostrum 1 ½-pedale, fronde 7—8-pollicari, sexfida, basi et stipite spicis pluribus instructa ; tuber radicale magnitudine nucis avellanae, lanugine longo indutum.*

Cette espèce, très-charnue, se trouve pendante à divers arbres de la Chinantla (à Petlapa), et plus rarement aux rochers schisteux humides de cette région, digne de l'admiration du voyageur naturaliste.

C'est surtout à une élévation de 3000 pieds que l'on rencontre cette espèce, qui est fort rare au Mexique. C'est dans les ravins humides et sombres ou sur le versant rocailleux des montagnes des terres tempérées de cette fraction de l'État d'Oaxaca, que l'on peut espérer de la trouver. Plumier, dans son *Traité des Fougères américaines*, cite cet *Ophioglossum*, qu'il nomme *Palmatum* (pl. 163, pag. 319); il ajoute ne l'avoir rencontré qu'une seule fois à St-Domingue. La figure qu'il en donne représente un échantillon 4 lobé [1].

professeur à l'université de Gand, toute ma reconnaissance pour la bonté qu'il a eue de se charger de la détermination des nombreuses espèces d'Agames que j'ai récoltées au Mexique : c'est un devoir que je remplis avec satisfaction. (H. GALEOTTI.)

[1] Nous avons remarqué que l'on figurait dans quelques ouvrages l'*Ophioglossum palmatum* de Plumier comme croissant sur les rochers avec des frondes dressées; cependant la nature molle des tiges, le développement considérable de la fronde flasque auraient dû indiquer suffisamment que cette espèce ne saurait croître dressée, mais bien dans une position horizontale ou pendante aux arbres. (*Note de* H. G.)

IV. BOTRYCHIUM.

15. Botrychium decompositum. *Nobis.* (Pl. n° 1.)

♃. (Collect. H. Galeotti, n° 6452.) Juillet.

Diagn. *Scapo inferne unifrondoso, fronde bipinnata, pinnulis decurrentibus, oblongis, obtusis, denticulatis basi incisis; spica sub-tripinnata, fronde major.*

Obs. *Differt species haec a Botrychio cicutario. Sw., spica magis composita, fronde minus divisa, pinnis secundariis latioribus brevioribus non pinnatifidis, sed tantum basi incisis; proxima est quoque Botrychio daucifolio Wallich (Hook. et Greville, tab. 161) sed in hoc spica frondi aequalis.*

Cette belle et rare espèce se trouve dans les forêts du pic d'Orizaba, à 5000 et 6000 pieds d'élévation ; elle se plaît dans les endroits humides et sombres sur les rochers basaltiques.

MARATTIACEAE. Klfs.

—

V. MARATTIA.

16. Marattia laevis. *Willd.*

♂. (Collect. H. Galeotti, n° 6349.)

Obs. *Species affinis Marattiae alatae, sed frons 3-pinnata.*

Cette belle et grande espèce de Fougère arborescente, se trouve au bord des ruisseaux dans les montagnes du district de Villa-Alta, au milieu de la cordillère orientale d'Oaxaca, déclivité océanique ; c'est surtout près du bourg indien Zapotèque de Talea qu'elle se rencontre jusqu'à 6000 pieds d'élévation absolue (maximum d'élévation qu'atteignent les Fougères en arbres au Mexique), dans les forêts de pins et d'Éricacées, et plus bas, vers 5000 pieds, entre les chênes et les liquidambars, région fertile qui a quelque analogie avec celle de Jalapa par son climat doux et humide, mais que sa constitution géognostique calcaire et schisteuse en distingue à un haut point ; sa végétation est aussi très-différente ; tant il est vrai de dire que la nature géologique du sol exerce une influence toute puissante sur la distribution des plantes; ainsi, le sol basaltique n'admet que peu d'espèces végétales d'un terroir schisteux. Nous citerons un exemple frappant de cette observation : les *Cereus Senilis*, dont les colonnes s'élancent jusqu'à 40 et 50 pieds de hauteur, croissent uniquement dans le terrain calcaréo-schisteux des ravins près de Regla. Ces ravins, dont la partie supérieure est entièrement composée de basaltes et la partie inférieure de strates calcaires et schisteuses, présentent çà et là des amoncellements considérables de débris basaltiques, tassés et détrités par les siècles, où croissent en grande quantité des *Cereus Mortieri*, *Peruvianus* et *Geometrizans*, que l'on ne trouvera pas dans le sol schisteux; au contraire, les *Mamillaria nivea*, les *Echinocactus Mirbelii*, *platyacanthus*, etc., s'attachent uniquement au terrain calcareux. Nous pourrions multiplier ces exemples à l'appui de nos observations, mais il nous suffit, pour le moment, d'avoir signalé le fait, pour engager les naturalistes voyageurs à porter quelque attention sur la constitution géologique du sol où croissent les plantes qu'ils auraient prises. Ces observations, en se multipliant, pourront, par la suite, être de quelque utilité au géognoste et au botaniste.

GLEICHENIACEAE. R. Brown.

———

VI. MERTENSIA. Swartz. Willd.

17. Mertensia tomentosa. *Sw.*

♃. (Collect. H. Galeotti, n° 6373.)

Cette belle espèce se trouve parfois, mais fort rarement, dans les petits taillis à hautes Graminées, où croissent quelques Malpighiacées arborescentes, des *Melastomaceae*, etc., qui couvrent le sommet arrondi des dernières montagnes qui s'échappent de la haute cordillère orientale d'Oaxaca. Les environs de Choapam, gros bourg à l'E. d'Oaxaca, et près de Villa-Alta, où l'on trouve surtout cette espèce, sont schisteux; ils appartiennent à la zone tempérée de Villa-Alta et d'une partie de la Chinantla, située entre 3000 et 5000 pieds de hauteur absolue.

18. Mertensia furcata. *Willd.*

2↓. (Collect. H. Galeotti, n° 6382.) Décembre.

Cette espèce croît dans les petites savannes humides et dans les lieux marécageux des forêts de pins, de *Symploceae*, de *Salix* et de *Laurineae* de Llano-Verde, à 7000 et 7500 pieds d'élévation au-dessus du niveau de l'Océan.

Cette Mertensie, croissant par grandes touffes, répandues çà et là sur un terrain où les plantes herbacées sont rares, offre un joli aspect par son port gracieux.

19. Mertensia glaucescens. *Willd.*

Syn. Gleichenia glaucescens. *Kunth.*

2↓. (Collect. H. Galeotti, n° 6402.) Juillet.

Cette espèce prend beaucoup de développement et occupe de grands espaces, de telle sorte que ses tiges entrelacées gênent singulièrement la marche dans certaines savannes situées sur les lisières des bois de chênes de la colonie allemande de Mirador; elle abonde aussi dans les savannes de Huatusco, de Coscomatepec et près de Xalapa. Cette Fougère ne se plaît pas dans l'épaisseur humide des forêts; elle préfère le ciel ouvert des savannes et des coteaux déboisés entre 3000 et 5000 pieds d'élévation absolue; elle croît surtout dans le sol volcanisé des régions tempérées; nous l'avons cependant rencontrée dans le sol calcaire de Songuantla, près de Jalapa, mais elle y est rare.

MM. de Humboldt et Bonpland ont trouvé cette Mertensie près de Santa-Cruz (Cumana), dans le sol des régions chaudes.

SCHIZAEACEAE. Endl.

—

VII. LYGODIUM. Swartz.

20. Lygodium pubescens. *Kaulf.*

Syn. Lygodium polymorphum. *Kunth.*

2↓ ☾. (Collect. H. Galeotti, n° 6316.) Juin.

Cette espèce grimpe autour des *Terminalia* et des *Mimosa* de la côte atlantique. Les bois peu épais des dunes de Vera-Cruz et les ravins de Puente Nacional la présentent assez abondamment ; elle fait partie du petit nombre d'espèces que possède la région brûlante des côtes mexicaines, région comparativement aride, sèche, où la température moyenne oscille entre 20° et 25° c., où l'homme est tourmenté par une foule d'insectes, avides de son sang, et exposé aux fièvres de la zone torride ; les limites supérieures de cette région (*tierra caliente* des indigènes) varient entre 2000 et 3000 pieds d'élévation.

M. Kunth cite cette espèce des bois de la région chaude près de Cumana à une hauteur de 1000 pieds.

21. Lygodium mexicanum. *Presl.*

Syn. Lygodium venustum. *Spr.*

♃ ☊. (Collect. H. Galeotti, n° 6431.) Février.

Cette espèce, très-voisine de la précédente, mais qui en diffère, surtout en ce que ses frondes ou folioles sont entièrement glabres, se trouve, comme le *Lygodium pubescens*, grimpant aux arbres de la côte de l'océan Pacifique, au port de San-Blas, où l'on retrouve bon nombre de plantes ayant la plus grande analogie avec celles de la côte Atlantique, et s'en différenciant par quelques légères modifications. Le sol de San-Blas est de basalte massif, tandis que celui de Véra-Cruz et de Puente Nacional présente des matières plus meubles. La branche occidentale de la cordillère mexicaine est beaucoup plus rapprochée de la côte pacifique que ne l'est la branche orientale de la côte atlantique ; de là une humidité plus constante et plus grande dans la première que dans la dernière ; aussi les forêts entre Tepic et San-Blas sont-elles admirables par leur touffu et leur importance.

Cette espèce se retrouve jusqu'à 1000 pieds au-dessus des eaux de l'océan Pacifique.

22. Lygodium scandens. *Schkuhr.*

Syn. Lygodium semi-hastatum? *Sprengel.*

♃ ☊. (Collect. H. Galeotti, n° 6419.) Juin.

Ce *Lygodium* est remarquable par ses grandes folioles fertiles qui ont jusqu'à 5 pouces de longueur. Il grimpe sur diverses espèces d'arbres des forêts de la Chinantla, près du bourg de Tepinapa, au bord de la rivière. La zone de cette belle et rare espèce est entre 1000 et 2000 pieds de hauteur absolue; elle appartient, par conséquent, comme les deux espèces précédentes, aux régions chaudes.

VIII. ANEIMIA. Swartz.

23. Aneimia haenkii. *Presl.*

♃. (Collect. H. Galeotti, n° 6399.) Novembre-janvier.

Cette espèce se trouve sur les rochers formés de conglomérats volcaniques de la colonie allemande de Zacuapan; région tempérée du versant océanique de la branche orientale de la cordillère d'Anahuac; sa zone est limitée entre 3000 et 3500 pieds de hauteur absolue.

Cette espèce se rapporte sans doute à l'*Osmunda lanceolata* et *Subtiliter serrata* de Plumier (pl. 156), que l'on trouve à la Martinique.

24. Aneimia pilosa. *Nobis.* (Pl. 2, fig. 1.)

♃. (Collect. H. Galeotti, n° 6353.) Octobre-janvier.

Diagn. *Fronde basi fructificante, pinnata, oblonga, obtusa, pilosa; pinnis sessilibus, patentibus, ciliatis, dimidiatis, ovato sub-trapezoïdeis, apice rotundatis, basi sursum truncatis, margine superiori et apice leviter denticulatis, utrinque ac rachi pilosis; pinna terminali triloba, basi cuneata; pedunculis spicarum fronde plus duplo longioribus subpilosis, stipite brevi piloso; caudice repente.*

Descr. *Planta semipedalis pilosa, stipes pollicaris, frons 2-pollicaris, pinnae 4—5-lineares sub integerrimae, non hispidae; spicae 1—2-pollicares; caudex repens lanugine flava obtectus.*

Obs. *Species affinis A. Humili. Sw., a qua differt pinnis nec obovatis, nec apice truncatis, paginisque, etiam superiori, villosis.*

Cette jolie espèce croît dans les montagnes gneissiques et syénitiques de la déclivité occidentale de la branche occidentale de la cordillère d'Oaxaca, dans les bois épais, humides et rocailleux de Zacatepèque, village indien à 7 ou 8 lieues de l'océan Pacifique et à

50 lieues de la ville d'Oaxaca. Elle se rencontre depuis 2000 pieds jusqu'à 6000 pieds de hauteur absolue, là où déjà croissent les pins et les Éricacées des régions froides. Sa zone est par conséquent assez étendue; elle ne quitte pas le sol gneissique ou syénitique.

La majeure partie des plantes que nous avons recueillies dans ces localités intéressantes de la cordillère pacifique, offre un port distinct de celui des plantes des montagnes calcaires et schisteuses de Villa-Alta (cordillère orientale d'Oaxaca).

25. ANEIMIA COLLINA. *Raddi.*

♃. (Collect. H. Galeotti, n° 6364.) Octobre-novembre.

Cette espèce croît dans la même cordillère que la précédente, mais sa zone est beaucoup moins étendue; elle commence à 1000 pieds et ne dépasse pas 3500 pieds. Elle fait partie de la région tempérée chaude des monts granitiques, syénitiques et gneissiques qui bordent l'océan Pacifique. Sur cette côte, la région qui abrite notre *Aneimia* est très-humide et abonde en plantes intéressantes. La transition de cette région à la région chaude est presque instantanée, car les montagnes s'avançant jusqu'à l'océan, et en descendant d'un millier de pieds plus bas que leur sommet, on arrive aux dunes brûlantes des côtes, aux *Rhizophora mangle*, aux *Jacquinia*, aux *Terminalia*, etc.

26. ANEIMIA HIRSUTA. *Swartz.*

Var. Achilleaefolia. *Nobis.*

♃. (Collect. H. Galeotti, n° 6363.) Octobre-novembre.

Diagn. *Fronde basi fructificante pinnata, piloso-hirsuta, ovato-lanceolata; pinnis sessilibus, basi cuneatis, ovato-oblongis, obtusis, inciso-pinnatifidis; laciniis inaequaliter serrato-dentatis, rachi stipite pedunculisque pilosis.*

Obs. *Planta pedalis, caudex tuberosum paleaceo-hirtum frondes multas steriles 2-pollicares vix stipitatas omittens; frons fertilis sterilibus simillima sed longe stipitata, stipes 5-pollicaris, pedunculi cum spicibus 7-pollicares.*

Cette *Aneimia* croît sur les rochers gneissiques des environs de Zacatepèque et de Juquila, village et bourg d'indiens chatinos de la cordillère pacifique du département d'Oaxaca. Elle se trouve dans les mêmes forêts que l'*Aneimia pilosa*, et occupe la même zone de **2000** à **6000** pieds de hauteur absolue.

27. ANEIMIA ADIANTIFOLIA. *Swartz.*

Syn. OSMUNDA ADIANTIFOLIA, *Linné.*

♃. (Collect. H. Galeotti, n° 6324.) Mai-juillet.

Cette espèce se trouve assez abondamment sur les rochers volcaniques des ravins de Puente Nacional, et qui bordent le Rio Antigua. Elle appartient à la région brûlante de la côte atlantique, et elle disparaît à 1000 ou 1500 pieds.

Cette espèce habite aussi la région chaude des côtes de la Jamaïque.

OSMUNDACEAE. Klfs.

—

IX. OSMUNDA. L.

28. OSMUNDA SPECTABILIS. *Willd.*

♃. (Herb. H. Galeotti, n° 6388.) Mai.

Cette Fougère, remarquable par son beau port, croît en abondance dans l'eau des marais que l'on trouve au milieu des forêts de chênes, de liquidambars et de *Symploccos* qui entourent la charmante petite ville de Xalapa; région tempérée, humide, si féconde en Orchidées et en Broméliacées parasites.

Cette espèce se tient entre 4000 et 5000 pieds, et semble être particulière au climat de Xalapa.

POLYPODIACEAE. Klfs.

—

X. ACROSTICHUM. L.

* *Fronde indivisa.*

29. ACROSTICHUM SIMPLEX. *Swartz.*

♃. (Collect. H. Galeotti, n°° 6304 et 6345.) Décembre.

Cette espèce est rare dans les bois humides de la colonie allemande

de Mirador, près de Véra-Cruz, à 3500 pieds de hauteur absolue ; elle
se retrouve sur les rochers calcaires de la cordillère orientale d'Oaxaca,
à Llano-Verde, à 7000 pieds. Sa zone paraît être fort étendue et
embrasser les régions tempérée et froide tempérée ; dans cette dernière,
elle acquiert moins de développement, car on ne l'y rencontre que
d'une taille beaucoup moindre que dans une région à climat plus
doux.

30. Acrostichum muscosum. *Willd.*

♃. (Collect. H. Galeotti, n° 6265.) Août.

Nous avons trouvé fort rarement cet *Acrostichum* sur l'écorce des
chênes qui croissent sur les flancs escarpés et trachytiques du haut
volcan ou pic d'Orizaba ; sommité rivale du Popocatepetl, le géant de
l'Amérique septentrionale. Cette espèce appartient aux régions froides,
et se trouve de 9500 à 11,000 pieds, hauteurs où le thermomètre oscille presque tous les jours de l'année entre — 5 et + 5° c. (*Voyage
au pic d'Orizaba, en août* 1838.)

31 Acrostichum piloselloides. *Presl.*

Syn. Acrostichum pilosella. *Spr.*

♃. (Collect. H. Galeotti, n° 6272, 6355 et 6434.) Août-décembre.

Cette espèce se retrouve dans plusieurs localités du Mexique, très-
éloignées les unes des autres ; ainsi nous la signalerons sur les chênes et
sur les rochers volcanisés des hautes montagnes près d'Oaxaca, à une
élévation de 8000 pieds environ ; région froide et humide où l'on récolte de la glace pour les habitants d'Oaxaca ; puis nous la remarque-
rons sur les chênes, les *Laurus persea*, les *Myrtineae* de la cordillère
qui borde l'océan Pacifique dans le département d'Oaxaca, ou croissant à terre, sur les rochers de gneiss de ce district intéressant du Cerro
de la Virgen et de Zacatepèque. Sa zone est ici d'une grande étendue dans l'échelle thermométrique, puisque sa limite inférieure est,
dans la région chaude, de 22 à 25° c., et sa limite supérieure atteint

7500 pieds dans la région froide tempérée des chênes et des pins ; enfin les rochers basaltiques de la cascade de la Tzararacua, le champ de laves d'Uruapan, les rocs obsidiéniques des ravins profonds de Guadalaxara, les arbres et les strates calcaires et de grès rougeâtres des ravins d'Arumbaro et de Tzitzio, près de Morelia, dans l'État de Michoacan, nous offriront aussi cette espèce ; ici sa zone thermométrique est plus limitée ; elle se tient entre 3000 et 4500 pieds ; elle appartient à la région tempérée. Partout cette espèce se plaît dans les endroits très-humides et sombres.

32. ACROSTICHUM PUMILUM. *Nobis.* (Pl. 2, fig. 2.)

2. (Collect. H. Galeotti, n° 6263.) Août. (Pl. n° 3.)

Diagn. *Fronde parvula simplici squamoso-pilosa, sterili ovata longe-stipitata, fertili minore oblongo-rotundata conduplicata magis pilosa.*

Obs. *Species haec praecedenti affinis ; sed differt fronde sterili* ovata, acuta ac longe-stipitata.

Cette petite espèce se trouve sur les rochers trachytiques et obsidiéniques du haut pic d'Orizaba avec l'*Acrostichum muscosum.* Elle croît aussi parfois au pied des chênes et des pins qui composent les forêts des flancs de ce volcan. On commence à rencontrer cet *Acrostichum* vers 9000 pieds ; il disparaît avec les grands chênes et les pins élevés, c'est-à-dire vers 12,000 pieds de hauteur absolue.

33. ACROSTICHUM SCHIEDEI. *Kze.* (Linnaea 1839.)

2. (Collect. H. Galeotti, n° 6344.) Mars.

Cette espèce, dédiée à feu notre estimable ami le docteur Schiede, qu'une fièvre typhoïde enleva, en 1837, lorsqu'il s'apprêtait à explorer les riches contrées au sud de la capitale du Mexique, se trouve fort rarement sur les rochers calcaires et porphyriques de la Sierra de Yavezia (cordillère orientale d'Oaxaca), dans les endroits humides, à l'ombre des pins et des chênes ; elle appartient, comme la plus grande partie du district minier de Yavezia, aux régions froides situées entre 7000 et 8000 pieds.

34. ACROSTICHUM **AFFINE.** *Nobis.* (Pl. 3 , fig. 1.)

2. (Collect. H. Galeotti, n° 6454.) Juillet.

Diagn. *Frondibus oblongo-linearibus obtusis stipiteque nudis, fertili conformi, caudice repente squamoso.*

Obs. *Caudex tenuis repens parce paleaceo-squamosus, stipes bipollicaris, frons duos pollices longa 3—4-lineas lata, fertilis sterilibus paululum major. — Species nostra affinis est* Acrosticho Schiedei Kunze ; *sed frondibus minoribus obtusis nudis glaberrimisque diversa.*

On trouve cette espèce dans les forêts de pins et de chênes qui couvrent les flancs du volcan d'Orizaba, à une élévation absolue d'environ 9000 à 10,000 pieds.

35. ACROSTICHUM **FULVUM.** *Nobis.* (Pl. n° 3 , fig. 2.)

2. (Collect. H. Galeotti, n° 6459). Juillet.

Diagn. *Frondibus oblongo-lanceolatis acuminatis utrinque et stipite fulvo-paleaceo-hirsutis, fertili lineari-lanceolata breviori, paleis elongatis patentibus margine pilis longis remotis fimbriatis.*

Descr. *Caudex horizontalis dense paleaceo-squamosus, frondes caespitosas emittens, stipes 2—3-pollicaris paleis fulvis elongatis patentibus, margine longe ac sparse pilosis, dense obtectus, frondes steriles 6—8-pollices longae, pollicem fere latae, utrinque attenuatae, paleis longis ac pilosis, praesertim in nervo medio, ubique obsitae; frons fertilis minor 3—4-pollices longa, 4—5-lineas lata, in facie superiori tantum paleaceo-squamosa.*

Obs. *Species ista affinis est* Acrosticho villoso L. ; *sed paleis margine pilosis abunde distincta.*

Cette belle espèce se trouve avec la précédente sur les flancs orientaux du pic d'Orizaba, et appartient comme elle à la flore des régions froides intertropicales, flore si riche et si variée, qu'elle excite l'admiration du naturaliste.

36. ACROSTICHUM **LINGUA.** *Raddi.*

2. (Collect. H. Galeotti, n° 6342.) Décembre-mars.

Cette espèce épiphyte croît de préférence sur les vieux chênes séculaires de Llano-Verde; elle est fort rare sur les pins. Nous l'avons remarquée une ou deux fois poussant hors des fentes des crêtes calcaires de cette fraction de la cordillère orientale d'Oaxaca. Ses frondes, d'un beau vert, d'un port élancé, sont d'un bel effet, et contrastent avec le brun foncé de l'écorce des chênes. Elle vient se grouper dans la même région froide que l'*Acrostichum Schiedei*, vers 7000 pieds.

37. Acrostichum citrifolium. *L.*

Syn. Lingua cervina scandens. *Plum.*, pl. 116.

♃ ☉. (Collect. H. Galeotti, n° 6301.)

Cette espèce est limitée à la région brûlante de la côte du golfe du Mexique ; on la trouve s'accrochant aux *Castillea elastica* et aux Sapotées des forêts humides des environs de Medellin (4 lieues au sud de Véra-Cruz). Plumier la cite de la Cabsterre (Martinique).

38. Acrostichum crinitum. *Sw.*

♃. (Collect. H. Galeotti, n° 6297.) Décembre.

Obs. *Frondes 2-pollicares ovato-ellipticae, margine costa et stipite pilos longos setosos fuscos confertos gerentibus.*

C'est sur les rochers volcaniques qui s'élèvent de chaque côté de ces profonds ravins (que l'on pourrait appeler des abîmes) des environs de la colonie allemande de Zacuapan, près de Véra-Cruz, que l'on rencontre cette rare espèce d'*Acrostichum*. Elle se plaît dans les parties concaves des rochers, là où elle trouve de l'ombre et de l'humidité. Sa zone ne dépasse pas 3000 pieds d'élévation absolue ; mais elle descend dans la région chaude tempérée des forêts et des ravins.

Note. — Cette espèce n'était encore connue que des îles de la Martinique et de St-Vincent. (Hooker et Greville, *icon. filic.*, planche 1.)

** *Fronde simplici, divisa.*

39. Acrostichum peltatum. *Sw.*

☉♃. (Collect. H. Galeotti, n°° 6319 et 6341.) Mars-juillet.

Cette jolie espèce, à frondes gracieusement découpées, est très-

4

commune sur les chênes et les liquidambars de Xalapa, de Huatusco et de la colonie allemande de Mirador; nous l'avons trouvée aussi sur les vieux chênes des forêts de la cordillère orientale d'Oaxaca, mais dans une région plus froide. Ici sa zone est entre 5000 et 7500 pieds; près de Xalapa, entre 3000 et 5000 pieds d'élévation.

Cet *Acrostichum* se plaît sur les arbres à moitié pourris ou situés près des ruisseaux; il s'accroche aussi aux pierres humides et moussues des forêts, en s'associant au *Leskea involvens.* Hedg., et à l'*Orthotrichum apiculatun*, etc.

XI. GYMNOGRAMME. Desvaux.

40. Gymnogramme pedata. *Kaulf.*

2♃. (Collect. H. Galeotti, n° 6433.) Août-décembre.

Cette espèce se rencontre sortant des cavités que présentent les laves dans le voisinage du joli bourg d'Uruapan, situé au pied oriental du pic élevé de Tancitaro, et dans la branche occidentale de la cordillère qui rend cette partie du département de Michoacan si intéressante. C'est en effet une nature toute sauvage que celle du Pedregal de Curu et d'Uruapan. Des coulées énormes de laves, couvertes d'une végétation vigoureuse, s'élèvent çà et là en rochers et murailles puissantes, puis, ce sont des cataractes formées par le torrent de Cupaticho; tout cela semble un monde en convulsions; et malgré cette apparence de désordre, malgré ce bouleversement terrible, on est ému si profondément à la vue de ce pays d'Uruapan, si beau, si pittoresque au Nord, si riant au Midi, que les souvenirs qui en restent au voyageur ne peuvent jamais s'effacer.

Le *Gymnogramme pedata* appartient aux régions tempérées de la cordillère, situées entre 3500 et 4500 pieds d'élévation.

41. Gymnogramme totta. *Schlechtendal.*

2♃. (Collect. H. Galeotti, n° 6307.) Août.

Cette espèce se trouve sur les rochers volcaniques qui bordent les ruisseaux près de la colonie allemande de Mirador (État de Véra-Cruz), à 3000 pieds d'élévation absolue.

42. Gymnogramme pilosa. *Nobis.* (Pl. n° 4, *fig.* 1.)

♃. (Collect. H. Galeotti, n°ˢ 6267 et 6268.) Août.

Diagn. *Fronde utrinque pilosa, pinnato-pinnatifida; apice pinnatifida; pinnis inferioribus sessilibus, lanceolatis, lobato-pinnatifidis, basi sub-auriculatis; laciniis ovalibus, obtusis, integerrimis; pinnis superioribus confluentibus, inciso-serratis.*

Descr. *Frons ovato-lanceolata acuminata ½-pedalis, basi pinnato-pinnatifida, apice simpliciter pinnatifida; stipes ½-pedalis hirsutus; sori oblongi, irregulares, subconfluentes, faciem frondis posteriorem fere totam occupantes.*

Obs. *Species nostra differt a* Gymnogramma totta. Schlecht., *cui affinis, fronde minori, apice non bipinnatifida, soris non marginalibus nec minutis.*

Nous avons trouvé cette nouvelle espèce de Gymnogramme dans les endroits humides et rocailleux des forêts de pins et de chênes du pic d'Orizaba, entre 9000 et 10,500 pieds d'élévation absolue; région froide, où le climat est d'une âpreté remarquable, même au mois d'août.

43. Gymnogramme leptophylla. *Desv.* et *Kaulf.*

Var. Mexicana.

♃. (Collect. H. Galeotti, n° 6294.) Février.

Obs. *Species haec mexicana vix ab Europaea differt.*

Cette Fougère, que l'on ne croyait propre qu'à l'Europe australe (Bex), se rencontre au Mexique, dans les régions tempérées chaudes de l'état de Véra-Cruz et à la colonie allemande de Mirador. C'est au fond des ravins ou sur les pierres humides au bord des ruisseaux qu'il faut la chercher. Elle croît aussi sur les rochers de conglomérats volcaniques de Huatusco et des environs d'Orizaba. Sa zone est entre 2500 et 4000 pieds, là où la température moyenne ne descend pas au-dessous de 18° c.

44. Gymnogramme dealbata. *Link*.

4. (Collect. H. Galeotti, n° 6326.) Juin.

Cette belle espèce, remarquable par la poussière d'un blanc de
neige qui recouvre la partie postérieure de ses frondes, se trouve sur
les rochers basaltiques et de conglomérats volcaniques de Jalapa, Gilotepec et du Puente Nacional, dans les endroits plutôt secs qu'humides. Elle se rencontre par touffes çà et là, mais elle est du reste
assez rare. Ses limites supérieures sont à 5000 pieds ; ses limites inférieures descendent jusqu'à 500 pieds environ dans la région brûlante des côtes.

XII. GRAMMITIS. Swartz.

45. Grammitis elongata. *Sw*.

Syn. Grammitis lanceolata. *Sckh.*

4. (Collect. H. Galeotti, n°ˢ 6264, 6328 et 6421.) Mars-août.

Cette espèce occupe une zone fort étendue ; ainsi nous la trouverons
sur les liquidambars et les vieux chênes des forêts de la région tempérée de Xalapa, entre 4000 et 5000 pieds d'élévation, où elle est fort
abondante avec les *Maxillaria Deppei* et *agglomerata ;* puis, sur les
chênes et sur les rochers calcaires de la cordillère de Yavezia, dans
l'État d'Oaxaca, entre 6500 et 8000 pieds.

Les chênes rabougris sur lesquels se plaisent les jolis *Lœlia albida*
de la Misteca (État d'Oaxaca), à 7000 et 8000 pieds, l'offriront aussi
en abondance ; enfin, les forêts des versants du pic de l'Orizaba et ses
crêtes trachytiques, à 9500 et 12,000 pieds, la montreront en compagnie de ces jolis Agames : les *Stereocaulon ramulosum* et *botryosum* Ach.

XIII. XIPHOPTERIS. Kaulf.

46. Xiphopteris myosuroïdes. *Kaulf.*

  Syn. Grammitis myosuroides. *Schk.*

  ♃. (Collect. H. Galeotti, n° 6384.) Décembre.

Obs. Frondes lineares 2—3-pollicares profunde pinnatifidae, laciniis ovatis obtusis subhorizontalibus, superioribus subconfluentibus, fructiferis.

Cette petite espèce croît sur les mêmes chênes qui supportent l'*Acrostichum lingua*, à Llano-Verde, à 7000 pieds de hauteur absolue ; elle n'y est pas fort rare, mais échappe souvent aux recherches par l'exiguité de ses formes.

47. Xiphopteris serrulata. *Kaulf.*

  Syn. Grammitis. *Sw.*

  ♃. (Collect. H. Galeotti, n° 6455.) Août.

Cette petite espèce se trouve sur les rochers trachytiques et obsidiéniques qui forment l'énorme colosse du pic d'Orizaba, montagne dont le pied se baigne dans l'océan Atlantique et dont la tête, éternellement couverte d'une couronne de neige, s'élève à plus de 16,000 pieds dans le ciel, et que le navigateur aperçoit déjà à 30 milles nautiques des côtes mexicaines. On rencontre aussi ce *Xiphopteris* au pied des chênes et des pins des forêts qui couvrent les pentes escarpées et pittoresques du flanc NO. du pic d'Orizaba, entre 9500 et 10,000 pieds d'élévation. Elle appartient, comme sa congénère de Llano-Verde, à la flore des régions froides intertropicales.

XIV. POLYPODIUM. Swartz.

* *Fronde simplici conformi.*

48. Polypodium angustifolium. *Sw.*

  ♃. (Collect. H. Galeotti, n° 6283.) Février.

Cette espèce se rencontre sur les rochers et les chênes de la colonie allemande de Zacuapan, à une hauteur de 2000 à 4500 pieds; elle appartient aux régions tempérées humides de la cordillère orientale et océanique d'Anahuac.

MM. de Humboldt et Bonpland ont trouvé cette espèce dans les endroits rocailleux de Quito, au pied des arbres, à plus de 8000 pieds d'élévation.

49. Polypodium costatum. *Kze* [1].

4. (Collect. H. Galeotti, n° 6404.) Décembre.

Cette espèce se trouve sur les vieux chênes, dans les bois humides de Xalapa et de Mirador, entre 3000 et 4500 pieds de hauteur absolue.

50. Polypodium phyllitidis. *Willd.*

4. (Collect. H. Galeotti, n° 6273.) Décembre.

Cette espèce se trouve, comme les deux précédentes, sur les vieux chênes des environs de Xalapa et de la colonie allemande de Mirador, à 3000 et 4500 pieds d'élévation.

51. Polypodium crassifolium. *Lin.*

4. (Collect. H. Galeotti, n° 6403.) Décembre.

Cette espèce se trouve exclusivement dans la région humide et tempérée du versant océanique de la cordillère orientale d'Anahuac, surtout dans les environs de Xalapa et de la colonie de Mirador, sur les vieux chênes, les liquidambars, et parfois aussi sur les rochers.

Ce Polypode porte, de même qu'à Cumana, le nom indigène de *Calaguala;* du reste, la plupart des Polypodes, épiphytes ou non, à racines épaisses et charnues et à fronde vert bleuâtre, sont désignés par le nom général de *Calaguala.*

MM. de Humboldt et Bonpland ont trouvé cette espèce sur les arbres

---

[1] Kunze, Synopsis plantarum cryptogamicarum, *ab Eduardo Poeppig, in Cuba insula et in America meridionali collectarum.*

près de Caripe (Nouvelle-Andalousie), à 2500 et 3500 pieds de hauteur absolue.

52. POLYPODIUM CORDIFOLIUM. *Nobis.* (Planche n° 4, *fig. 2.*)

♃. (Collect. H. Galeotti, n° 6313.) Juin.

Diagn. *Fronde glabra, profunde cordata, ovato-lanceolata, acuminata, integerrima, venis reticulatis; soris rotundis, sparsis, remotis, stipite gracili, nudo, elongato.*

Obs. *Frons 1—2-pollicaris, membranacea, lucida, apice attenuato, soris paucis, minutis; stipes filiformis 2—4-pollicaris.*

Cette espèce, qui, par sa fronde mince, semi-transparente, à veines réticulées, se rapproche beaucoup des *Antrophium*, mais qui en diffère par ses sores arrondis, nus, discrets, a été trouvée sur les rochers volcaniques et dégarnis de végétation qui bordent la belle rivière de l'Antigua près de Véra-Cruz; elle appartient à la région brûlante de la côte.

Cette espèce est fort rare et difficile à obtenir, à cause de la presque perpendicularité des rochers qui la supportent.

** *Fronde pinnatifida seu pinnata.*

53. POLYPODIUM AUREUM. *Lin.*

♃. (Collect. H. Galeotti, n° 6413.) Juin-août.

Cette espèce, connue au Mexique sous le nom de *Calaguala de la botica* (Calaguala des pharmacies), se trouve communément sur les chênes et sur les rochers basaltiques et calcaires de la région tempérée du versant oriental de la cordillère de Véra-Cruz, des environs de Jalapa, Gilotepec, Coatepec, colonie allemande de Mirador, etc.; elle se retrouve dans les montagnes de la région tempérée de Villa-Alta (district oriental du département d'Oaxaca), sur les rochers calcaires et schisteux, sur les vieux chênes, sur les *Erythrina* ou sur les gros troncs qui forment les haies ou clôtures des champs de maïs.

Cette espèce descend en terre chaude tempérée jusqu'à 1000 pieds de hauteur absolue, et monte jusqu'à 6000 et 7000 pieds dans les régions tempérées froides de là cordillère.

54. POLYPODIUM GLAUCINUM. *Nobis*. (Planche n° 5, *fig.* 1.)

♃. (Collect. H. Galeotti, n° 6430.) Septembre.

Diagn. Fronde glabra, ovato-lanceolata, profunde pinnatifida, glauca, subtus reticulato-venosa et subpaleacea; laciniis patentibus, ovali-oblongis, obtussissimis, appresse serrulatis; soris biserialibus, magnis, confertis; stipite laevi.

Obs. Species haec P. aureo affinis; sed differt lacinia terminali frondis brevi non elongata; laciniis lateralibus, obtusis, multum brevioribus magisque approximatis, soris numerosioribus confertis.

Cette espèce a les mêmes habitudes que le *Polypodium aureum*, et se trouve surtout sur les chênes et les rochers basaltiques des petites montagnes qui s'échappent des sommités de la cordillère orientale, dans les environs de Zimapan et d'Actopan, à 45 lieues au nord de la ville de Mexico. De ces petites chaînes on arrive aux hautes montagnes (entre lesquelles coule le Rio de Tula, qui, plus bas, lorsque son cours devient plus bruyant et son accès plus difficile, porte le nom de Rio de Moctezuma), qui concourent avec celles de Réal del Monte, avec l'Iztaccihuatl, avec l'Ajusco, etc., à former et à encadrer la grande plaine ou plateau de Mexico, fraction de cet immense plateau qui se poursuit jusqu'au delà de Tehuacan et de Puebla; puis embrasse le Baxio, Zacatecas, et s'étale au loin vers Sᵃ-Fé dans le Nouveau-Mexique.

Notre espèce appartient aux régions froides tempérées, situées au bord du plateau d'Actopan, vers 7000-7500 pieds, région où abondent les *Cacteae*, les *Agavidae*, les *Chelone*, etc., mais où les Orchidées, les *Piperaceae* sont fort rares; région qui se distingue éminemment des régions analogues par leur température moyenne et par leur hauteur absolue, et appartenant au versant oriental des Cordillères; versant que nous distinguons par le titre d'Océanique.

55. Polypodium araneosum. *Nobis.* (Planche n° 5, fig. 2.)

♃. (Collect. H. Galeotti, n° 6460.)

Diagn. *Fronde profunde pinnatifida glaucescente supra pilosiuscula subtus araneoso-squamulosa, laciniis lanceolato-linearibus obtusiusculis subfalcatis marginatis tenuissime ac distanter serrulatis, soris biserialibus, stipite
glabro.*

Descr. *Frons subpedalis, ovato-lanceolata, laciniae angustae approximatae
erecto-patentes, inferiores quinque pollicares 6—7 lineas latae sursum sub-
falcatae, superiores sensim minores; sori flavi approximati inter costam et marginem medii, rachis glaber fusco-nitidus supra canaliculatus.*

Obs. *Species haec affinis est* Polyp. aureo L. *et* Pol. glaucino Nobis; *ab utroque villositate frondis
praeter caeteras notas facile distinguitur.*

Cette espèce se trouve avec l'espèce suivante sur les rochers calcaires peu ombragés des monticules escarpés des environs du beau
bourg de Villa-Alta [1], dans la cordillère orientale d'Oaxaca; elles appartiennent toutes deux aux régions tempérées, situées entre 3500 et
5000 pieds de hauteur absolue.

56. Polypodium fulvum. *Nobis.* (Planche n° 6.)

♃. (Collect. H. Galeotti, n° 6463.)

Diagn. *Fronde ovata pinnatifida supra pilosula subtus fulvo-sublanata,
laciniis oblongis obtusis subintegerrimis marginatis, inferioribus subpinnati-
fidis, stipite glabro.*

Descr. *Frons ovata obtusa 8 pollices longa, supra viridis subtus glaucescens
ad nervos venasque squamuloso-lanata, laciniae horizontaliter patentes 2—
4 pollices longae, fere pollicem latae, albo-marginatae, sori biseriales flavi, stipes glaber sulcatus, caudex squamatus.*

Obs. *Species haec,* Polyp. araneoso Nobis *proxima, laciniis latioribus obtusis horizontalibus,
ad basim frondis saepius pinnatifido-incisis differt.*

Cette espèce, remarquable par sa couleur fauve, se trouve sur les
mêmes rochers calcaires qui, aux environs de Villa-Alta, dans la

[1] Chef-lieu du district de la Sierra, résidence du gouverneur Don José-Maria Pando, au-

cordillère orientale d'Oaxaca, offrent aussi l'espèce précédente : le *Polypodium araneosum.*

57. Polypodium pectinatum. *L.*

♃. (Collect. H. Galeotti, n°ˢ 6275, 6277, 6287 et 6333.) Juin.

Cette espèce se rencontre assez fréquemment sur les chênes et les rochers, dans les forêts humides et dans les profonds ravins près de la colonie de Mirador et de Zacuapan, et dans les environs de Xalapa. Elle appartient à la région tempérée humide, entre 2500 et 4500 pieds de hauteur absolue.

58. Polypodium suspensum. *Willd.*

♃. (Collect. H. Galeotti, n° 6380.) Juillet.

Var. Laciniis lanceolatis, soris confluentibus.

On trouve cette espèce sur les chênes, si riches en Orchidées, *Pepromia* et *Tillandsia* de Tonaguia, petit village des Indiens Mixes, près du bourg de Villa-Alta, dans la cordillère orientale d'Oaxaca, district d'une fertilité extraordinaire, là où l'indien laisse tomber quelques grains de maïs, 4 mois après il récolte 4 à 500 grains par chaque grain ainsi abandonné; forêts immenses, vierges la plupart du pas de l'homme, car elles sont à peu près impénétrables; beau climat, jouissant d'une température moyenne de 17 à 18° c.

59. Polypodium moniliforme. *Swartz.*

♃. (Collect. H. Galeotti, n° 6253.) Août.

Cette espèce se trouve sur les rochers trachytiques et obsidienniques du pic d'Orizaba, ou au pied des chênes, près des ruisseaux, dans les forêts qui couvrent le versant de cette belle montagne. C'est surtout à

quel nous nous empressons de rendre hommage pour l'accueil bienveillant qu'il a daigné nous faire, et pour ses bons soins à nous aplanir les difficultés que l'on éprouve à voyager au milieu de peuplades inconnues en Europe et même à peine connues au Mexique.

10,000 pieds de hauteur absolue qu'elle est commune; sa zone s'étend de 9000 à 12,000 pieds d'élévation.

60. POLYPODIUM DELICATULUM. *Nobis*. (Planche 7, fig. 1.)

♃. (Collect. H. Galeotti, n° 6378.) Novembre.

Diagn. *Fronde tenella, pilosa, brevi stipitata, pinnata, lineari-lanceolata ; pinnulis lineari-oblongis, obtusis, integerrimis, approximatis; soris biserialibus, subconfluentibus, pilosis.*
Frons 2—4-pollicaris; pinnae 3 lineas longae.

Obs. *Species affinis* P. Tricho, manoïdei Sw.; *at differt fronde pinnata, non pinnatifida; pinnis sublinearibus, non coadunatis; soris pluribus biserialibus.*

Ce joli petit Polypode se trouve sur les vieux chênes de Llano-Verde, sur ces mêmes arbres qui nourrissent sur leur écorce fendillée, humide et à moitié décomposée, les *Acrostichum lingua*, le *Xipho-pteris myosuroïdes*, le *Polypodium phyllitidis*, une jolie et nouvelle espèce de *Sophronitis*, le *Cladonia furcata*, le *Stricta damae cor-nis*, etc. Il appartient à la région froide, située vers 7000 et 8000 pieds de hauteur absolue, dans la cordillère orientale d'Oaxaca.

61. POLYPODIUM OTITES. *Willd*.

♃. (Collect. H. Galeotti, n° 6426.) Septembre.

Cette espèce se trouve sur les chênes et quelquefois sur les rochers porphyriques des forêts de Réal del Monte et de Moran, à 7000 et 8000 pieds de hauteur absolue, district où le climat est âpre et humide; partie avancée de la branche orientale de la cordillère d'Ana-huac, et qui limite au nord la belle plaine de Mexico.

62. POLYPODIUM INCANUM. *Swartz*.

Syn. POLYPODIUM CETERACCINUM. *Michaux*.

♃. (Collect. H. Galeotti, n°° 6309, 6422 et 6423.) Août-décembre.

Cette espèce est commune sur les rochers de conglomérats volca-niques de la colonie allemande de Zacuapan, à 3000 et 4000 pieds; elle est aussi épiphyte sur les chênes de cette même région tempérée de la cordillère orientale océanique. On la retrouve sur les rochers calcaires et arides de la cordillère orientale d'Oaxaca, dans le district des mines de Yavezia, entre 6000 et 7500 pieds, dans la région froide. Kunth cite cette espèce près de Cumanacoa (Nouvelle-Andalousie), à 700 pieds environ dans la région chaude.

63. POLYPODIUM INCANUM. *Swartz.*

VAR. **Fimbriatum.** *Nobis.*

Squammulis apice piloso-acuminatis ac margine fimbriatis.

♃. (Collect. H. Galeotti, n°⁵ 6438 et 6443.) Décembre.

Cette variété se trouve dans un district bien éloigné de ceux où nous avons rencontré le type précédent. C'est au fond de cet immense ravin à roches trachytiques, stigmitiques et basaltiques, et où coule le beau fleuve de Rio-Grande de Lerma ou de Santiago, près de Guadalajara, qu'il faut chercher notre *Polypodium ;* on le rencontre sur les pierres, dans les endroits peu humides et peu sombres des parois de cette énorme et grande crevasse nommée l'O de la ville grande Barranca de Guadalaxara ; crevasse qui s'étant à une soixantaine de lieues, et nuit beaucoup aux communications avec le NO. de l'État de Jalisco.

Elle appartient à la région chaude tempérée, entre 2000 et 3500 pieds.

64. POLYPODIUM FERRUGINEUM. *Nobis.* (Pl. n° 7 , fig. 2.)

♃. (Collect. H. Galeotti, n° 6354.) Octobre.

Diagn. *Fronde parvula, brevi-stipitata, oblongo-lineari, acuminata, subglabra, pinnata ; pinnis linearibus, adnatis, approximatis, parallelis, inferioribus sensim minoribus ; soris biserialibus congestis, ferrugineis, rachi pubescente.*

Obs. *Species affinis* P. Incano Swartz, *a quo differt praecipue fronde non squamata, laciniis anguste linearibus.*

Cette petite Fougère, remarquable par ses sores d'une couleur de rouille de fer très-prononcée, se trouve sur les arbres et sur les rochers gneissiques des forêts de Zacatepèque et de Juquila, sur le versant le plus occidental de la cordillère d'Oaxaca qui longe l'océan Pacifique. On la trouve dans les mêmes parages où croissent l'*Aneimia pilosa* et l'*Aneimia hirsuta achillaefolia*, appartenant aux régions tempérées humides de la côte, entre 3000 et 4500 pieds d'élévation. Ce Polypode est fort rare.

65. POLYPODIUM FRATERNUM. *Schlecht.* (Linnaea 1830.)

2|. (Collect. H. Galeotti, n° 6409.) Novembre.

Cette espèce se trouve sur les vieux chênes des environs de Xalapa et de la colonie allemande de Zacuapan ; elle s'y rencontre en compagnie avec le *Polypodium aureum*. Sa zone est entre 3000 et 4000 pieds d'élévation.

66. POLYPODIUM VIRGINIANUM. *L. Willd.*

2|. (Collect. H. Galeotti, n° 6412.) Juin.

Obs. *Affinis* P. vulgari. L., *sed laciniae sub-integerrimae, lineari-lanceolatae, acutae.*

Ce Polypode est assez commun sur les chênes, les liquidambars, les *Erythrina* et sur les pierres des environs de Jalapa et de Coatepec, entre 3000 et 4500 pieds, hauteurs appartenant aux régions tempérées ; on le retrouve à 7000 pieds en terre froide sur les chênes de Llano-Verde, dans la cordillère orientale d'Oaxaca.

67. POLYPODIUM AFFINE. *Nobis.* (Pl. n° 8, fig. 1.)

2|. (Collect. H. Galeotti, n° 6453.)

Diagn. *Fronde profunde pinnatifida, laciniis lanceolato-linearibus laevissime repandis ciliatis subtus stipiteque pubescentibus, supra hirsutiusculis, soris biserialibus.*

Descr. *Stipes 2—3-pollicaris pubescens, frons lanceolata 7—10 pollices longa, laciniae intermediae pollicares basi dilatatae, inferioribus et superioribus sensim minoribus, costa media pubescens, frondis pagina superior pilis squamulosis tecta, inferior pubescens.*

Obs. *Species habitu Polyp. vulgare referens, sed fronde pilosa laciniisque subintegerrimis diversa.*

38   MÉMOIRE

Cette espèce, qui rappelle notre Polypode vulgaire, se trouve dans
les forêts de chênes et de pins du pic d'Orizaba, à 9000 et 10,000
pieds de hauteur absolue; circonstance qui explique en quelque sorte
l'analogie entre les deux espèces: ainsi, les climats de l'Europe cen-
trale sont représentés dans les régions intertropicales, non-seulement
par des lignes isothermes, mais aussi par des lignes isophytes; subli-
mes combinaisons de la nature qui permettent à l'homme de choisir
et la température et la nourriture qui lui sont le plus favorables.

68. POLYPODIUM PUBERULUM. *Schlecht.*

4. (Collect. H. Galeotti, n° 6410.) Décembre.

Obs. *Fronde pinnatifida, laciniis lineari-lanceolatis, serratis, subtus pubescentibus.*

Cette espèce croît sur les chênes de Llano-Verde dans la cordillère,
à l'est d'Oaxaca, entre 6000 et 7500 pieds de hauteur absolue; elle
appartient aux régions froides tempérées.

69. POLYPODIUM BISERRATUM. *Nobis.* (Pl. n° 9, fig. 1.)

4. (Collect. H. Galeotti, n° 6451.)

Diagn. *Fronde glabra ovato-lanceolata pinnata apice pinnatifida, pinnis
oblongis acutiusculis membranaceis reticulatis, duplicato-serratis, soris biserialibus.*
Descr. *Stipes glaber; frons 8 pollices longa, basi 3 pollices lata, apice attenuato; pinnae sesquipollicem longae, ½ pollicem latae, venis ramosis reticulatae
grosse serrato-crenatae, crenis serrulatis, soris costa approximatis.*

Cette espèce, fort distincte, se trouve dans les bois de chênes et sur
les rochers calcaires aux environs de Llano-Verde, près de Yavezia et
de Capulalpan, dans la cordillère orientale d'Oaxaca. Elle se plaît dans
les endroits humides et ombragés de cette région froide que nous

avons déjà tant de fois citée. La zone de végétation de cette espèce
est située entre 6500 et 7500 pieds d'élévation.

70. Polypodium dissimile. *Sckh.*

>Syn. Polypodium attenuatum. *Willd.*

>♃. (Collect. H. Galeotti, n° 6414.) Décembre.

Obs. *Glabra ; stipes ½-pedalis, frons basi pinnata apice pinnatifida.*

Ce Polypode croît sur les chênes dans les bois humides aux environs
immédiats de la colonie allemande de Mirador. Sa zone est limitée
entre 3000 et 4000 pieds de hauteur absolue, région humide et tempérée. Cette espèce se retrouve près de Caracas, à 3000 pieds environ.

71. Polypodium neriifolium. *Sckh.* et *Willd.*

>♃. (Collect. H. Galeotti, n° 6411.) Août.

Obs. *Stipes ½-pedalis; frons pedalis, pinnata; pinnis adnatis, distantibus, patentibus, lanceolatis, subfalcatis, integerrimis, 4-pollicaribus.*

Cette belle espèce, à porche charnue, croît, avec la précédente,
sur les chênes de la colonie de Mirador; elle se retrouve quelquefois
aussi sur les arbres des forêts de Jalapa, entre 3000 et 4500 pieds.

72. Polypodium cultratum. *Willd.*

>♃. (Collect. H. Galeotti, n° 6415.) Octobre-février.

Cette espèce croît sur les Fougères arborescentes (*Alsophila pruinata* Kaulf, *Cyathea mexicana* Schlect) des environs de Jalapa et
de Totutla (près la colonie de Zacuapan), dans les forêts humides des
régions tempérées, à 3500 et 4000 pieds.

73. Polypodium pilosissimum. *Nobis.* (Planche 9, fig. 2.)

>♃. (Collect. H. Galeotti, n°ˢ 6310 et 6379.) Juillet-octobre.

Diagn. *Fronde lineari-lanceolata, rufo-pilosissima, profunde pinnatifida,*

apice attenuato inciso-serrato; foliolis adnatis, distantibus, oblongo-linea-
ribus, obtusis, margine subtus revoluto, infimis abbreviatis auriculatis; soris
rotundis, magnis, biserialibus, subconfluentibus; stipite pilis rufis patentibus
hirsutissimo; caudice repente, squamoso.

Obs. *Species affinis* Pol. cultrato Willd., *a quo differt hirsutie majori, laciniis angustioribus,*
margine revoluto, soris subconfluentibus.

On trouve cette espèce sur les rochers de conglomérats volcaniques
et sur les chênes des forêts de la colonie de Zacuapan, où elle se plaît
dans les parages sombres et humides. Elle se retrouve sur les mêmes
chênes qui, à Tonaguia, dans le voisinage de Villa-Alta, cordillère
orientale d'Oajaca, supportent le *Polypodium suspensum.* Sa zone,
dans les deux localités citées, et assez éloignées l'une de l'autre, est
limitée à 3000 et 4500 pieds de hauteur absolue; elle appartient con-
séquemment à la région tempérée humide du versant de la cordillère
océanique.

74. Polypodium juglandifolium. *Willd.*

♃. (Collect. H. Galeotti, n°⁸ 6282 et 6343.) Décembre-mars.

Cette belle espèce de Polypode se trouve sur les conglomérats volcaniques et sur les arbres, au fond des ravins humides et sombres qui
sont si communs aux environs de la colonie allemande de Zacuapan.
C'est surtout entre 2500 et 3500 pieds d'élévation qu'elle se rencontre
plus fréquemment; mais si elle se plaît dans ces ravins, où la température moyenne de l'année est de 19 à 20° c., elle paraît aussi bra-
ver les froids de la cordillère orientale d'Oaxaca. Nous l'a retrouvons
en effet croissant sur les rochers calcaires de Llano-Verde, où la
température moyenne des mois de décembre, janvier et février, ne
s'élève pas au-dessus de 3 à 4° c., tandis qu'aux mois de mai, juin,
juillet, août et septembre, la température moyenne est de 16 à 20° c.
Cette espèce se retrouve aussi près de Caripe (Amérique méridionale),
sur les arbres, à 2800 pieds.

75. Polypodium pulchrum. *Nobis*. (Planche 8, fig. 2.)

2⟁. (Collect. H. Galeotti, n° 6332.) Juin.

Diagn. *Fronde lanceolata, glabra, profunde pinnatifida; laciniis linearibus, elongatis, versus apicem serrulatis, approximatis, horizontalibus; soris minutis, submarginalibus; rachi pubescente; stipite laevigato.*
Frons subpedalis; laciniae vel pinnulae sub-bipollicares.

Obs. *Species nostra affinis* Polypodio taxifolio L., *a quo differt, laciniis serrulatis longioribus, angustioribus, magis approximatis; soris submarginalibus.*

Ce joli Polypode croît sur les *Quercus Xalapensis*, et sur les liquidambars des forêts qui avoisinent Xalapa. Il est assez commun dans cette région tempérée humide, bien boisée, découpée en tous sens, mais surtout de l'O. à l'E., par de profondes gorges ou ravins, canaux naturels qui conduisent les eaux des montagnes d'une hauteur de 9000 à 13,000 pieds jusque dans l'océan; gorges d'autant plus profondes, que les distances des sommités à neiges éternelles aux côtes baignées par l'océan Atlantique, sont très-rapprochées.

76. Polypodium heteromorphum. *Hooker* et *Greville*. (*Icon. filic.*, pl. 108.)

2⟁. (Collect. H. Galeotti, n° 6261.) Août.

Cette jolie petite espèce paraît appartenir exclusivement aux régions les plus froides de la cordillère de l'Amérique intertropicale, puisque, indiquée d'abord par MM. Hooker et Greville dans leur bel et grand ouvrage sur les Fougères, comme se trouvant sur les rochers vers le sommet du haut Pichincha, au Pérou, nous l'avons retrouvée, pendant notre voyage d'ascension au pic d'Orizaba, au mois d'août 1838, sur les rochers trachytiques et stigmitiques, entre 11,000 et 12,500 pieds; elle dépasse la limite de végétation des hauts pins et des chênes, et se plaît surtout dans les endroits humides.

77. Polypodium hirsutissimum. *Raddi*.

2⟁. (Collect. H. Galeotti, n°ˢ 6276 et 6308.) Juin.

Obs. *Frons pinnata elongata, pilis rufis obducta.*

Cette espèce se rencontre communément sur les chênes des environs de Jalapa, de Huatusco et de la colonie allemande de Mirador et de Zacuapan; les limites de sa zone sont entre 2000 et 5500 pieds; elle appartient à la région tempérée humide de la cordillère océanique, touchant, d'un côté (au sud de Zacuapan), à la région chaude, et de l'autre (au nord de Xalapa), à la région froide tempérée.

78. POLYPODIUM HIRSUTISSIMUM. *Raddi.*

Var. Sericea. *Nobis.*

♃. (Collect. H. Galeotti, n° 6432.) Août.

Diagn. *Fronde minori, pilis albis appressis sericeis densissimetecta.*

Cette variété est moins commune que l'espèce précédente, et se trouve sur les chênes, si riche en belles Orchidées (*Arpophyllum spicatum*, *Cuillauzina pendula*, *Oncidium tigrinum* et *Galeottianum*, *Laelia grandiflora*, etc.), dans les forêts des environs de la ville de Morelia (chef-lieu du département du Michoacan), entre 6000 et 7000 pieds d'élévation au-dessus du niveau de la mer; région froide tempérée de la branche occidentale des cordillères mexicaines.

79. POLYPODIUM FURFURACEUM. *Schlecht.* (Linnaea 1830.)

♃. (Collect. H. Galeotti, n° 6420). Octobre.

Obs. *An varietas* P. squamati L. ? — *Frons pectinata lepidota, squamulis albis furfuraceis fimbriatis densissimo tecta, pinnae lineares obtusae distantes adnatae.*

Ce Polypode, fort rare, se trouve entre les fissures des rochers calcaires qui forment les montagnes au sud du gros bourg de Sola (18 lieues sud de la ville d'Oaxaca); c'est surtout à une élévation de 6500 à 7500 pieds qu'on peut le rencontrer. Il appartient à la région froide tempérée des premiers massifs de la branche occidentale de la cordillère d'Oaxaca, région ou nous avons découvert le *Cheirostemon platanoïdes* [1], dont on ne connaissait qu'un seul individu au jardin botanique de Mexico, et un autre à Toluca.

[1] Cette belle plante est cultivée dans les serres de Sa Majesté à Lacken, et provient de graines rapportées par nous de Sola, en 1840. (*Note de* H. Galleotti.)

**** Fronde bipinnatifida seu bipinnata.*

80. Polypodium tetragonum. *Swartz.*

24. (Collect. H. Galeotti, n° 6306.) Août.

On rencontre cette espèce sur les rochers volcaniques de la colonie allemande de Zacuapan, vers 3000 pieds de hauteur absolue ; elle appartient à la flore des régions tempérées de l'Amérique intertropicale.

81. Polypodium sub-incisum. *Willd.*

24. (Collect. H. Galeotti, n° 6290.) Décembre.

Cette espèce se trouve au pied des rochers volcaniques de Zacuapan avec l'espèce précédente ; elle se plaît surtout dans les endroits un peu secs.

82. Polypodium Galeottii *Martens.* (Planche n° 7, fig. 3.)

24. (Collect. H. Galeotti, n° 6321.) Juillet.

Diagn. *Fronde ampla, glabriuscula, bipinnata ; stipite rachibusque pubescentibus ; pinnis primariis petiolatis, alternis, lanceolatis, elongatis ; pinnis secundariis sessilibus, lanceolatis, profunde pinnatifidis ; laciniis ovali-oblongis obtusissimis integerrimis ; soris biserialibus, discretis, margini approximatis.*

Obs. *Species haec medium tenet inter* P. Sloanei Kunze, *a quo differt stipite et rachibus non paleaceis, laciniisque integerrimis, et* Pol. connexum Kaulf, *a quo differt foliolis profunde pinnatifidis sorisque submarginalibus.*

Cette grande espèce de Polypode, assez rare, se trouve sur les rochers volcaniques, dans les forêts humides, ou sur les pierres près des ruisseaux, aux environs de la colonie allemande de Zacuapan et de Mirador, localités qui nous ont fourni un herbier des plus riches et des plus variés.

La zone de cette nouvelle espèce est entre 2500 et 3500 pieds de hauteur absolue ; sa région est humide et tempérée.

83. Polypodium fallax. *Schlecht.* (Linnaea 1830.)

♃. (Collect. H. Galeotti, n° 6327.) Mai-décembre.

Cette espèce, qui imite plus ou moins par la division de ses frondes l'*Asplenium Germanicum*, se rencontre fréquemment sur les chênes, qu'elle entoure parfois de ses racines de 7 à 10 pieds de longueur, et sur les pierres humides dans les environs de Xalapa et de la colonie allemande de Mirador, entre 3000 et 4000 pieds d'élévation absolue.

N. B. On trouve aux environs de Puebla, sur les rochers de la Malinché, à 7500 et 9000 pieds, un *Polypodium* qui se rapproche beaucoup du *P. lanceolatum* de Linné, et qui porte au Mexique le nom vulgaire de *Lengua de Ciervo*. Nous ne pouvons maintenant affirmer si c'est le véritable *P. lanceolatum* ou non, car l'échantillon que nous possédions dans notre collection a été égaré.

XV. TAENITIS. Swartz.

84. Taenitis linearis. *Sprengel.*

♃. (Collect. H. Galeotti, n°ˢ 6337 et 6418.) Août-février.

Cette espèce, presque toujours épiphyte sur les vieux chênes, est très-commune dans les forêts épaisses et humides de Xalapa, et de la colonie allemande de Mirador, entre 3000 et 5000 pieds de hauteur absolue. Les vieux chênes de Llano-Verde, dont nous avons fait remarquer les nombreuses espèces de Fougères qui y végètent, la présentent aussi en abondance. La région est ici plus froide qu'à Xalapa de quelques degrés de température moyenne. On trouve aussi cette espèce sur les pierres ou rochers volcaniques et calcaires très-humides.

XVI. PLEIOPELTIS. Humb. et Bonpl.

85. Pleiopeltis angusta. *Humb. et Bonpl.*

♃. (Collect. H. Galeotti, n° 6368.) Octobre.

Cette espèce se trouve sur les arbres (chênes, *Ericaceae*, *etc.*) et plus souvent sur les rochers amphiboliques et gneissiques du bourg de Juquila, vers 6500 pieds de hauteur absolue; district couvert de forêts immenses, coupé de ravins innombrables, et surmonté çà et là de montagnes de 8000 à 9000 pieds de hauteur, dont le luxe de végétation est presque incroyable.

Cette Fougère, l'une des sept rapportées du Mexique par M. de Humboldt, appartient aux régions tempérées froides de la cordillère occidentale du Mexique, puisqu'elle se retrouve dans cette même cordillère, près d'Ario, à environ 6000 pieds de hauteur absolue (localité citée par Kunth.)

XVII. NOTOCHLAENA. R. Brown.

86. Notochlaena rufa. *Presl.*

♃. (Collect. H. Galeotti, n°ˢ 6357, 6427 et 6435). Octobre.

Obs. *Frons subpedalis, pinnata; pinnis sessilibus, ovatis, $\frac{1}{2}$-pollicaribus, profunde pinnatifidis, supra villosis, subtus tomentosis; rachi purpureo rufovilloso.*

Cette espèce se trouve dans plusieurs localités assez éloignées les unes des autres; elle occupe une zone géographique très-étendue; nous la trouverons d'abord dans cette belle chaîne calcaire au sud du bourg de Sola, dans l'État d'Oaxaca, où nous avons déjà trouvé le *Polypodium furfuraceum* et les *Cheirostemon platanoïdes;* on la rencontre sur les rochers calcaires à 7500 et 8000 pieds dans la région froide; puis nous la trouvons sur les montagnes porphyriques et humides du vallon de San-Pedro, près de Réal del Monte, à 7500-8000 pieds, et ensuite sur les laves et les basaltes des montagnes près de Zimapan, au delà du Rio Tula, à 6500 et 7000 pieds. Sa région thermométrique est froide de 12 à 13° c. de température moyenne.

87. Notochlaena trichomanoïdes. *R. Brown.*

Syn. Pteris trichomanoïdes. *Sckh.*

♃. (Collect. H. Galeotti, n° 6356.) Octobre.

Obs. *Differt a priori pinnis margine incisis, non pinnatifidis, inferioribus hastato-auriculatis.*

Cette espèce se trouve, avec la précédente, sur la cordillère calcaire, au sud de Sola, dans l'État d'Oaxaca, vers 8000 pieds de hauteur absolue.

88. Notochlaena sinuata. *Kaulf.*

    ♃. (Collect. H. Galeotti, n° 6441.) Décembre.

On trouve cette rare espèce sur les rochers trachytiques du grand ravin où coule le Rio-Grande de Lerma, à 3 lieues au nord de la ville de Guadalaxara; sa zone est entre 3000 et 4000 pieds de hauteur absolue, et elle se range parmi les productions des régions tempérées chaudes de la cordillère occidentale du Mexique.

89. Notochlaena laevis. *Nobis.*

    ♃. (Collect. H. Galeotti, n° 6350.) Octobre.

Diagn. *Fronde pinnata, lineari-lanceolata; pinnis petiolatis, distantibus cordato-ovatis, obtusissimis, margine sinuatis, supra nudis laevissimis, subtus squamoso-ferrugineis; squamis scariosis lineari-subulatis, imbricatis, ciliatis.*

    Stipes ac rachis dense paleaceo-squamosi; caudex bulbosus, lana ferruginea tectus.

Obs. *Affinis* N. sinuatae, *a qua differt pinnis supra laevibus, glabris, margine non profunde sed tantum leviter et obtuse sinuato, apice rotundato.*

Cette belle espèce se trouve sur des rochers volcaniques dans les montagnes calcaires, à 2 lieues au S. du grand bourg de Sola. Ces rochers, où la végétation ne consiste guère qu'en quelques chênes rabougris, nourrissent cependant plusieurs belles et rares plantes, entre autres cette nouvelle *Notochlaena* et l'*Asplenium Michauxii* et de bien jolies Orchidées terrestres (*Epidendrum Skinneri, etc.*) La hauteur absolue où l'on observe la *Notochlaena laevis* est de 6500 pieds; région froide tempérée de la cordillère occidentale d'Oaxaca.

XVIII. ALLOSORUS. Bernh.

90. Allosorus Karwinskii. *Kze.* (Linnaea 1839.)

2|. (Collect. H. Galeotti, n° 6351.) Octobre.

Cette curieuse et rare Fougère, dont M. Kunze nous a donné une bonne figure dans son supplément au bel ouvrage de Schkurr sur les Fougères, a été rencontrée au pied des *Cheirostemon platanoïdes* et sur des rochers calcaires des montagnes au sud du bourg de Sola, à 7500 et 8000 pieds d'élévation ; région froide, humide, peu exposée aux vents du Nord, où croissent des palmiers, des *Smilax*, l'*Opuntia cochenillefera* (sur lequel on récolte d'excellente cochenille).

91. Allosorus pulchellus. *Nobis.* (Planche n° 10, fig. 1.)

2|. (Collect. H. Galeotti, n° 6352.) Octobre.

Diagn. *Fronde gracili, ovata, laevi, triplicato-pinnata ; pinnulis petiolatis minutis, sagittato-cordatis, obtusis ; marginibus postice inflexis, subcontiguis ; petiolis capillaribus ; stipite, rachi petiolisque laevissimis atro-purpureis nitidis.*

Obs. *Speciei nostrae affinis est* Pteris cordata Cav. *, sed in hac foliola multo majora minus sagittata, rachis stipes ac petioli non atro-purpurei nitidi.*

Cette charmante Fougère croît par touffes sortant d'entre les fissures des strates calcaires au sommet de la Nopalera, dans la cordillère au sud de Sola, où on la rencontre avec l'*Allosorus Karwinskii ;* elle appartient, comme cette dernière espèce, à la région froide, puisqu'elle se rencontre à 7000 et 8000 pieds. C'est, du reste, une espèce rare et qui a peu d'apparence dans les herbiers, parce qu'elle se ride beaucoup en séchant.

92. Allosorus chaerophyllus. *Nobis.* (Planche 11.)

2|. (Collect. H. Galeotti, n° 6367.) Septembre.

Diagn. *Fronde longe stipitata, ovata, acuta, quadriplicato-pinnata, la-*

ciniis obovato-rotundatis; margine inflexo, denticulato; rachibus partialibus marginatis; stipite rachique communi purpureo-nitidis.

Frons semi-pedalis late ovata.

Obs. *Speciei nostrae affinis est* Allosorus crispus Bernh., *sed in hoc frons minus decomposita.*

Cette fort jolie Fougère habite les rochers et les arbres des forêts de Juquila, dans la cordillère qui longe l'océan Pacifique ; c'est surtout vers 5000 et 6500 pieds qu'on la rencontre. Cette partie de l'État d'Oaxaca est composée de gneiss et de syénites ; aussi la flore diffère-t-elle essentiellement de celle des pays volcanisés de Xalapa et de Zacuapan, quoique le climat s'en rapproche beaucoup.

93. Allosorus decompositus. *Nobis.* (Planche n° 10 , fig. 2.)

♃. (Collect. H. Galeotti, n° 6362.) Septembre.

Diagn. *Fronde glabra, longe stipitata, ovato-acuminata, tripinnata, pinnulis tertiariis linearibus, decurrentibus, infimis bi-vel-tripartitis ; ultimis elongatis, rachi tum primario tum secundario atro-purpureis nitidis submarginatis, rachi tertiario viridi alato ; stipes atro-purpureus, nitidus.*

Obs. *Huic speciei proxime accedit* Cheilanthes tenuifolius Willd., *sed in hoc foliola obovata, non, ut in nostra specie, lineari-oblonga.*

Cette espèce habite les mêmes parages que l'espèce précédente, mais surtout les rochers humides gneissiques, du bourg même de Juquila, à 4500 et 5500. pieds de hauteur absolue. Ce bourg est fort étendu et divisé par un ravin, de sorte qu'une partie des maisons sont à un millier de pieds plus élevées que le centre ou groupe principal des habitations. Il appartient à la région tempérée de la cordillère occidentale d'Oaxaca, si riche en belles Orchidées.

94. Allosorus ciliatus. *Presl.*

Syn. Cheilanthes crenulata. *Link.*

♃. (Collect. H. Galeotti, n° 6456.)

Cette jolie petite espèce habite à 10,000 et 12,000 pieds de hauteur absolue, sur les rochers trachytiques du Citlaltepetl (pic d'Orizaba) de cette majestueuse sommité que les anciens Mexicains avaient si bien appelée, dans leur lange expressive et poétique, du nom de Montagne-Étoile, à cause de la blancheur resplendissante et argentée de sa couronne de neige.

XIX. LOMARIA. Willd.

95. Lomaria longifolia. *Schlecht.*

♃. (Collect. H. Galeotti, n° 6406.) Février.

Cette belle Fougère, qui atteint 5 à 6 pieds de hauteur, se trouve au bord des ruisseaux, dans les forêts épaisses de Totutla, village à 2 lieues de la colonie allemande de Mirador; sa zone est entre 3500 et 4500 pieds dans la région tempérée humide de la cordillère de Véra-Cruz.

XX. ANTROPHIUM. Kaulf.

96. Antrophium falcatum. *Nobis.* (Planche n° 12.)

♃. (Collect. H. Galeotti, n° 6385.) Décembre.

Diagn. *Fronde coriacea subcarnosa, simplici, ecostata ac subevenia, sessili, lanceolato-falcata; soris sparsis oblongo-linearibus, non indusiatis; radice fibrosa fusco-tomentosa.*

Obs. *Frons enervia, falciformis, semi-pedalis utrinque attenuata, venis non prominentibus; accedit ad A. Pumilum Kaulf, sed in hac specie sori longissimi anguste lineares.*

Cette Fougère, remarquable par la *carnosité de sa fronde,* est excessivement rare; nous ne l'avons rencontrée qu'une seule fois pendante aux chênes de la forêt de Llano-Verde avec le *Lycopodium tenue.* Sa région est à 7000 pieds de hauteur absolue dans la région froide de la cordillère orientale d'Oaxaca. La majeure partie des espèces que nous citons de Llano-Verde, se trouve réunie sur un espace de quelques centaines de pieds carrés.

XXI. BLECHNUM. L.

97. BLECHNUM POLYPODIOÏDES. *Raddi.*

2]. (Collect. H. Galeotti, n° 6383.) Décembre.

Cette espèce croît sur les vieux chênes de *Llano-Verde* avec l'*acrostichum lingua*, région froide de la cordillère orientale d'Oaxaca, entre 7000 et 7500 pieds de hauteur absolue.

98. BLECHNUM OCCIDENTALE. *L.*

2]. (Collect. H. Galeotti, n°⁰ 6284 et 6440.) Février.

Cette espèce occupe une zone territoriale fort étendue ; elle se trouve dans les bois humides, sur les rochers et sur les arbres des régions tempérées des deux branches de la cordillère mexicaine ; ainsi, elle se trouve en abondance aux environs de Jalapa et de Zacuapan, dans la cordillère de Véra-Cruz ; aux environs de Villa-Alta, à 3500 pieds d'élévation dans la cordillère orientale d'Oaxaca, et enfin dans les ravins profonds aux environs de la ville de Guadalaxara, sur les rochers trachytiques au bord du Rio-Grande de Lerma, à 3000 pieds de hauteur absolue.

MM. de Humboldt et Bonpland l'ont rapportée de Caripe (Nouvelle-Andalousie.)

99. BLECHNUM CILIATUM. *Presl.*

2]. (Collect. H. Galeotti, n° 6284 bis.) Février.

Ce *Blechnum* se trouve, avec le précédent, sur les rochers volcaniques de la région tempérée et humide de la colonie allemande de Mirador, à 3000 et 3500 pieds de hauteur.

100. BLECHNUM CAUDATUM. *Cavan.*

2]. (Collect. H. Galeotti, n° 6397.) Juin-décembre.

Cette espèce se trouve et sur les chênes et sur les rochers volcaniques des environs de Jalapa et des colonies de Zacuapan et de Mirador ;

sa zone est limitée entre 3000 et 4500 pieds de hauteur absolue ; région tempérée humide de la cordillère orientale d'Anahuac, versant océanique. Cette Fougère varie beaucoup dans la taille de ses frondes ; là où il règne beaucoup d'humidité, elle se développe avec une grande vigueur.

101. Blechnum gracile. *Kaulf.*

♃. (Collect. H. Galeotti, n° 6302.) Décembre.

On trouve ce *Blechnum* sur les rochers humides qui bordent les ruisseaux au fond des ravins, près de la colonie ou *hacienda* de **Mirador**, à 2000 et 3000 pieds d'élévation, dans la région tempérée chaude de la cordillère de Véra-Cruz.

XXII. DIPLAZIUM. Sw.

102. Diplazium acuminatum. *Lodd.*

♃. (Collect. H. Galeotti, n° 6398.) Juin-décembre.

Cette espèce se plaît dans les endroits les plus sombres et les **plus** humides des forêts de chênes des environs de Xalapa et de l'*hacienda* de Mirador ; tantôt on la trouve sur un rocher au bord d'un ruisseau, tantôt croissant sur quelque arbe pourri. C'est surtout à une élévation absolue de 3000 à 4000 pieds, dans la région tempérée de la cordillère orientale d'Anahuac, que l'on trouve cette Fougère.

XXIII. PTERIS. L.

103. Pteris triphylla. *Nobis.* (Planche 14, fig. 1.)

♃. (Collect. H. Galeotti, n° 6393.) Juin.

Diagn. Fronde trifoliata glabra ; foliolis lanceolato-linearibus, acuminatis, integerrimis, apice serrato, lateralibus basi inaequali stipite adnatis, foliolo intermedio petiolato basi crenato ; caudice et stipite nudis.

Caudex repens, stipes gracilis, elongatus, subpedalis ; frons 4—5- pollicaris.

Cette espèce, qui est voisine du *P. stenophylla* de Wallich, se trouve dans les bois humides de Xalapa, sur le versant des petites collines basaltiques, si fréquentes aux environs de cette ville; elle se plaît dans ce sol ferruginéo-argileux qui communique aux plateaux déboisés au sud et à l'est de Xalapa, une teinte rouge remarquable. Ce *Pteris* appartient à la région tempérée, entre 3500 et 4500 pieds de hauteur absolue.

104. Pteris grandifolia. *Willd.*
5. (Collect. H. Galeotti, n° 6376.) Juin.

Cette espèce, qui atteint une grande taille, se trouve au bord des ruisseaux, dans les riches et belles forêts de la Chinantla, dans les derniers chaînons de la cordillère orientale d'Oaxaca; ses limites, qui sont entre 2000 et 3500 pieds de hauteur absolue, la rangent parmi les plantes des régions chaudes et tempérées. Elle se retrouve dans la région tempérée de la Nouvelle-Andalousie.

105. Pteris serrulata. *L.*
4. (Collect. H. Galeotti, n° 6377.) Juin.

Cette espèce croît par grandes touffes dans les petits ravins, tributaires de la vallée de Yavezia (cordillère orientale d'Oaxaca); elle se plaît au pied des rochers porphyriques et calcaires près de l'eau. Sa zone est entre 7000 et 7800 pieds de hauteur absolue; elle appartient à la flore des régions froides de la cordillère.

106. Pteris orizabae. *Nobis.* (Planche n° 13).
4. (Collect. H. Galeotti, n° 6252.) Août.

Diagn. *Fronde ampla glabra pinnata; pinnis oppositis subpetiolatis pinnatifidis, anguste lanceolatis, apice attenuato-caudatis serrulatis; laciniis ovato-subfalcatis approximatis acuminatis, apice spinuloso-serratis, infimis longioribus.*
Frons bipedalis et amplius, pinnae 6—10 pollices longae; basi sesquipollicem fere latae.

Obs. *Species affinis* Pt. macrourae Willd., *sed differt pinnis angustioribus, profundius incisis, basi latioribus.*

Cette Fougère, qui est fort rare, se trouve dans les endroits sombres aux bords des ruisseaux à la Vaqueria del Jacal, vacherie située sur le versant méridional du pic d'Orizaba et dernier endroit habité par l'homme; on l'a rencontre de 9000 à 10,500 pieds d'élévation; c'est la Fougère qui acquiert la plus grande taille parmi celles propres aux régions froides.

107. PTERIS INFRAMARGINALIS. *Kaulf* et *Kunze*. (*Anal. pterid.*)

2̸. (Collect. H. Galeotti, n°⁵ 6329 et 6389.) Juin-octobre.

Ce *Pteris* se plaît sur les rochers couverts de mousses, dans les bois de chênes et de liquidambars de Xalapa et de la colonie allemande de Mirador; il est commun entre 3000 et 4000 pieds de hauteur absolue, dans la région tempérée de la cordillère de Véra-Cruz.

108. PTERIS FALLAX. *Nobis*. (Planche n° 14, fig. 2.)

2̸. (Collect H. Galeotti, n° 6467.)

Diagn. *Fronde glabra subbipinnata apice simpliciter pinnata, pinnis ovatis suboppositis profunde pinnatifidis, laciniis linearibus obtusis argute serratis, stipite et rachi purpureo-nitidis.*

Obs. *Habitu omnino refert* Pter. inframarginalem Kaulf; *ita ut primo intuitu pro hac specie habeatur, sed laciniis pinnarum angustioribus ac manifeste serrulatis differt.*

Cette espèce croît sur les rochers calcaires et sur les chênes de la cordillère orientale d'Oaxaca, près de Tanetze, Talea et Llano-Verde (district de Villa-Alta); on la trouve entre 5000 et 7000 pieds d'élévation.

109. PTERIS NEMORALIS. *Willd.*

VAR. Major.

2̸. (Collect. H. Galeotti, n° 6291.) Février.

Frons subbipedalis longe stipitata.

Cette belle espèce se rencontre dans les ravins humides de Zacuapan, à 2500 pieds de hauteur absolue, sur les rochers volcaniques qui bordent les ruisseaux dans cette région chaude tempérée, située sur le versant oriental de la cordillère qui sépare les départements de Puebla et de Véra-Cruz.

110. Pteris cordata. *Willd., Sw.*

♃. (Collect. H. Galeotti, n° 6358.) Octobre.

Cette espèce, trouvée par M. de Humboldt, dans les forêts de chênes, près d'Aguasarco et d'Ario (État de Michoacan), se retrouve dans l'État d'Oaxaca, sur les rochers basaltiques, près du bourg de Sola, en compagnie du *Notochlaena laevis*, à une hauteur de 6500 pieds, dans la région froide de la cordillère occidentale d'Oaxaca.

Cette espèce paraît propre au sol volcanisé, puisque, dans les trois localités où elle se trouve au Mexique, elle croît sur les basaltes.

111. Pteris caudata. *Jacq.*

♃. (Collect. H. Galeotti, n° 6401.) Juillet.

Cette espèce atteint 4 à 6 pieds de hauteur, et couvre des espaces assez étendus aux environs de Mirador, de Zacuapan et de Jalapa; elle se plaît sur les plateaux ou sur le versant des collines déboisées; elle entrave quelquefois singulièrement la marche par son extrême abondance et par l'enchevêtrement de ses nombreuses folioles. Ses limites sont situées entre 3000 et 5000 pieds de hauteur, dans la région tempérée de la cordillère de Véra-Cruz.

112. Pteris arborescens. *Nobis.*

♂. (Collect. H. Galeotti, n° 6375.)

Diagn. *Fronde pinnata ampla apice profunde pinnatifida, laciniis lanceolatis apice attenuato-acuminatis serrulatis, pinnis pedicellatis profunde pinnatifidis, laciniis lanceolatis apice serrulatis, terminali longissima caudato-acuminata; stipite arborescente.*

Cette intéressante espèce, dont nous ne possédons que des échantillons imparfaits qui ne nous permettent pas d'en donner une description assez complète, atteint, dans la région tempérée chaude de la Chinantla (à l'est d'Oaxaca), 10 à 12 pieds de hauteur, et offre un stipe arborescent de 3 à 4 pieds; nous l'avons remarqué au bord des ruisseaux dans les endroits les plus touffus des forêts de la Chinantla.

XXIV. ASPLENIUM. L. R. Brouwn.

* *Fronde simplici.*

113. Asplenium minimum. *Nobis.* (Planche 15, fig. 1.)

24. (Collect. H. Galeotti, nos 6286 et 6424.) Février-août.

Diagn. *Fronde breve stipitata, parvula, glabra, cordata, integra vel palmatim trilobata, lobo medio rhomboïdali, obtuso, integro vel subtrilobo, lobis lateralibus obovatis rotundatis; stipite laevi nitido tereti. — Frons unguicularis aut minor.*

Obs. *Species haec affinis* Asplenio trapezoïdeo Sw., *a quo praecipue differt fronde basi cordata.*

Cette espèce, qui tient le milieu entre l'*Asplenium trapezoïdes* de Swartz, et l'*Asplenium trilobum* de Cav., se trouve sur les rochers humides, dans les ravins ou dans les forêts qui avoisinent la colonie allemande de Zacuapan et de Mirador. Elle n'est pas rare, mais elle échappe facilement, par sa petite taille, au naturaliste qui est plus attiré par une foule de belles plantes d'un port plus frappant. Nous avons retrouvé cet *Aspleninm* sur les rochers calcaires et schisteux près des grandes rivières de la Chinantla, à 2000 et 3000 pieds de hauteur absolue, dans la région tempérée chaude de la cordillère orientale d'Oaxaca. C'est aussi à cette même élévation qu'elle se trouve dans la cordillère de Véra-Cruz.

** *Fronde pinnata.*

114. Asplenium serra. *Fisch.*

24. (Collect. H. Galeotti, n° 6417.) Décembre.

Obs. *Frons subpedalis, pinnis alternis oppositisque eleganter paralleli-venosis, basi cuneatis apice longissime acuminatis, margine grosse et inaequaliter serratis; soris elongatis costae approximatis.*

Cette espèce, qui appartient à la fois au Brésil et au Pérou, se rencontre aussi, mais fort rarement, au Mexique, dans les bois humides de Totutla, à 4000 pieds d'élévation, dans le voisinage de la colonie allemande de Zacuapan; elle croît de préférence sur les rochers.

115. Asplenium polymorphum. *Nobis.* (Planche n° 15, fig. 2.)

♃. (Collect. H. Galeotti, n° 6295.) Février.

Diagn. *Fronde ovato-lanceolata, glabra, pinnata; pinnis subpetiolatis, oblongis, aliis oblongo-ovalibus obtusis, aliis oblongo-lanceolatis acutis, aliisque apice longe acuminatis, omnibus obtuse serratis, basi inaequaliter utrinque cuneatis integerrimisque; rachi marginato; stipite subpaleaceo, piloso.*
Frons 3—4-pollicaris, stipes 2—3-pollicaris.

Obs. *Species nostra affinis est* Asplenio obliquo Willd. et Sckh., *sed ab hoc differt fronde minori, rachi marginato, pinnis heteromophis.*

Cette espèce, capricieuse dans la forme de ses frondes et dans sa taille, se trouve abondamment sur les pierres au bord des ruisseaux, dans les ravins de la colonie allemande de Zacuapan, ou dans les bois très-humides sur les rochers volcaniques aux environs de Xalapa. Elle fait partie de la flore de la région tempérée de la cordillère de Véra-Cruz, située entre 2500 et 4500 pieds de hauteur absolue.

116. Asplenium repandulum. *Kunze.*

♃. (Collect. H. Galeotti, n° 6274.) Juin.

Cette espèce, longtemps confondue avec l'*Asplenium salicifolium* de Linné, et que le savant botaniste Kunze a, le premier, bien décrite, se plaît dans les endroits les plus humides des forêts des régions tempérées de la cordillère de Véra-Cruz; on la trouve aux environs de la colonie de Zacuapan, près de petites cascades, sur les pierres roulées dans les ruisseaux, ou sur les rochers constamment arrosés par la pluie fine qui jaillit des eaux torrentielles.

117. Asplenium discolor. *Kunze.*

♃. (Collect. H. Galeotti, n° 6280.) Juin.

On trouve cette espèce dans les mêmes parages que la précédente, mais où l'humidité n'est pas aussi forte. Elle appartient, comme l'*A. repandulum*, à la région tempérée, entre 3000 et 4000 pieds de hauteur absolue.

118. ASPLENIUM ABSCISSUM. *Willd.*

♃. (Collect. H. Galeotti, n° 6288.) Février.

Cette espèce habite les bords des ruisseaux des forêts de chênes de Totutla, près de la colonie de Zacuapan, région humide et tempérée située entre 4000 et 4500 pieds.

119. ASPLENIUM INAEQUILATERALE. *Willd.*

♃. (Collect. H. Galeotti, n°˙ 6369 et 6370.) Octobre.

On rencontre cette Fougère sur les rochers calcaires de la cordillère au sud du bourg de Sola, entre 7000 et 8000 pieds de hauteur obsolue; région froide, couverte de chênes chargés d'Orchidées (*Laelia*, *Odontoglossum*, *Hartwegia purpurea*, etc.), dans la cordillère occidentale d'Oaxaca.

120. ASPLENIUM MONANTHEMUM. *Sm.*

♃. (Collect. H. Galeotti, n°˙ 6262, 6296, 6299, 6371 et 6446.) Février-octobre.

Cette espèce se retrouve dans une foule d'endroits très-éloignés les uns des autres et appartenant à des zones climatériques très-différentes : 1° dans la région froide, nous la trouvons sur les trachytes et les stigmites du pic d'Orizaba, de 9000 à 11,500 pieds de hauteur absolue; puis, dans les montagnes porphyriques de Réal del Monte, sur les rochers et au pied des chênes, dans les forêts, à 8000 et 9000 pieds (district de la cordillère orientale au nord de Mexico). Elle se retrouve à 150 lieues plus au sud, au sommet des montagnes calcaires près de Sola, entre 7000 et 8000 pieds, avec l'espèce précédente; 2° région tempérée : sur les rochers volcaniques, dans les bois humides, près de la colonie allemande de Mirador, à 3000 et 4000 pieds d'élévation,

8

dans la cordillère orientale de Véra-Cruz ; 3° région chaude tempérée : sur les rochers volcaniques qui bordent les ravins près de Puente Nacional , à une dizaine de lieues de Véra-Cruz et à 1000 pieds de hauteur absolue.

121. Asplenium monanthemum. *Sw.*

Var. Pinnis duos soros gerentibus.

2|. (Collect. H. Galeotti , n° 6365.) Octobre.

On trouve cette variété dans la région tempérée de la cordillère occidentale d'Oaxaca, près des côtes de l'océan Pacifique, sur les rochers gneissiques de Juquila, à 4500 et 5500 pieds.

122. Asplenium falcatum.? *Willd.*

2|. (Collect. H. Galeotti , n° 6407.) Février.

Obs. *Frons elongata bipedalis, pinnis alternis sessilibus basi inaequaliter cuneatis, lanceolato-falcatis, apice longo-acuminatis, profunde et obtuse-serratis, striatis.*

Cette espèce est remarquable par ses habitudes ; on la trouve sur les Fougères arborescentes (*Cyathea Mexicana , Alsophila pruinata*) des forêts de Totutla, près la colonie de Zacuapan ; elle implante ses racines dans le stipe élevé de ces belles Fougères ; ses frondes allongées et pendantes, d'un vert tendre, sont d'un joli effet. Elle appartient à la région tempérée du versant de la cordillère de Véra-Cruz , située entre 3500 et 4500 pieds de hauteur absolue.

123. Asplenium auritum. *Sw.*

2|. (Collect. H. Galeotti , n° 6392.) Juin.

Cette Fougère est épiphyte sur les chênes de Xalapa et de la colonie de Zacuapan, sur lesquels on la trouve avec abondance. Ses limites, entre 3000 et 4500 pieds, la rangent dans la région tempérée.

124. Asplenium formosum. *Willd.*

♃. (Collect. H. Galeotti, n° 6314.) Août.

C'est sur les rochers volcaniques de la région chaude des environs immédiats de Véra-Cruz que l'on trouve cette espèce, de 500 à 2000 pieds d'élévation au-dessus des eaux de l'océan ; on la rencontre sur les pierres dans les ravins boisés et humides.

MM. de Humboldt et Bonpland ont trouvé cette espèce dans les forêts de Caripe.

125. Asplenium nanum. *Willd.*

♃. (Collect. H. Galeotti, n° 6315.) Août.

Obs. *Frons laete viridis, tripollicaris, subpellucida. — Affine Asplenio pulchello Raddi, a quo differt stipite subnullo, pinnulis sessilibus subtrapezoïdeis, margine superiori et apice obtuse inciso-crenatis.*

Cette espèce accompagne la précédente sur les rochers du Puente Nacional, près de Véra-Cruz.

126. Asplenium semi-cordatum. *Raddi.*

♃. (Collect. H. Galeotti, n° 6340.) Février.

C'est encore un des nombreux épiphytes que nourrissent les vieux chênes des forêts de Llano-Verde, dans la cordillère orientale d'Oaxaca, à 7000 et 7500 pieds d'élévation ; région froide, abritée des vents vifs du Nord par la montagne de Capulalpan, et présentant çà et là des bas-fonds, des endroits fourrés où la température moyenne s'élève rapidement, et explique le mélange des plantes de régions beaucoup plus basses et plus chaudes.

127. Asplenium melanocaulon. *Willd.*

♃. (Collect. H. Galeotti, n°ˢ 6254 et 6386.) Août-décembre.

Cette espèce est propre aux régions froides de la cordillère orientale du Mexique ; elle croît sur les rochers trachytiques ou au pied de chênes au pic d'Orizaba, entre 9000 et 11,000 pieds d'élévation, et sur les masses calcaires et caverneuses de Llano-Verde, à 7000 et 8000 pieds.

128. ASPLENIUM HETEROCHROUM. *Kunze.*

♃. (Collect. H. Galeotti, n° 6444.) Janvier.

On trouve cette espèce, qui a beaucoup de rapport avec la précédente, sur les rochers trachytiques qui s'élèvent en masses presque perpendiculaires, à 1500 et 2000 pieds au-dessus des eaux de la grande rivière de Lerma, près de Guadalaxarâ.

l'*Asplenium heterochroum* appartient à la région chaude tempérée des ravins de la cordillère occidentale du Mexique.

129. ASPLENIUM PARVULUM. *Nobis.* (Planche n° 15, fig. 3.)

♃. (Collect. H. Galeotti, n° 6462.)

Diagn. *Fronde pinnata lineari, foliolis oblongis obtusis integris basi-auriculatis, stipite rachique fusco-nitidis subcanaliculatis.*

Descr. *Stipes pollicaris glaber, frons tripollicaris apice attenuato, pinnae suboppositae sessiles, 3—4 lineas longae, 1—2 lineas latae, integrae, basi sursum truncato-auriculatae, inferiores minores ovatae auriculato-hastatae, sori congesti faciem posteriorem frondis fere totam obtegentes.*

Obs. *Species haec proxima est* Asplenio melanocaulon Willd., *sed pinnis oblongis integerrimis differt.*

Cette petite espèce croît sur les rochers calcaires et porphyriques dans la cordillère orientale d'Oaxaca, surtout aux environs de Capulalpan et de l'Hacienda del Carmen; elle se plaît à l'ombre et dans les endroits humides, à 6000 et 7000 pieds d'élévation.

130. ASPLENIUM RHIZOPHORUM? *L.*

♃. (Collect. H. Galeotti, n° 6270.) Mars.

Diagn. *Fronde parva lineari vix stipitata apice radicante, gracili pinnata; pinnis minutis sessilibus, inferioribus ovatis auriculatis subtrilobus, superiori-*

bus rotundo-ovatis integris, soris confluentibus.—Planta caespitosa 3—4-polli-
caris, pinnulae 2—3 lineas longae, inferioribus utroque latere auriculatis.

Cette espèce croît dans les fissures des rochers calcaires des forêts de chênes, de pins, de *Carcocarpus* et de *Buddleya* de Yavezia, village d'indiens Zapotèques, célèbre par ses mines d'argent aurifère. Ses limites, entre 6500 et 7500 pieds, la rangent parmi les productions des régions froides de la cordillère orientale du département d'Oaxaca.

131. Asplenium erectum? *Bory*.

⅟. (Collect. H. Galeotti, nº 6271.) Février.

Diagn. *Fronde sublineari elongata pinnata, pinnis rhomboideo-ovatis obtusis sursum subauriculatis margine superiori et anteriori crenulato-dentatis, soris oblongis congestis, stipite atro-purpureo nitido.*

Obs. *Affine* Asplenio ebeneo Ait, *sed majus.*

Cette espèce appartient, comme la précédente, aux régions froides de la cordillère orientale d'Oaxaca; on la trouve à une élévation de 7500 à 8000 pieds sur les rochers ou au pied des chênes, dans les belles forêts du Cerro San Felipe, montagne qui s'élève immédiatement au nord d'Oaxaca et à 2 lieues de distance de cette ville. On retrouve cette espèce dans les montagnes de la Jamaïque et de St-Domingue.

••• Fronde bipinnatifida vel bipinnata.

132. Asplenium denticulosum. *Desv.*

⅟. (Collect. H. Galeotti, nº 6289.) Février-mai.

Cette belle espèce croît dans les forêts très-humides aux environs de la colonie de Mirador, entre 3000 et 4500 pieds de hauteur absolue. On la trouve sur les pierres près des ruisseaux ou sur le tronc des arbres pourris, renversés çà et là dans les grands bois de cette partie de la cordillère de Véra-Cruz.

133. Asplenium Michauxii. *Spreng.*

♃. (Collect. H. Galeotti, n°⁵ 6269 et 6366.) Août-décembre.

Cette espèce paraît exclusivement propre à la flore des régions.
froides; elle croît dans les forêts de pins et de chênes au bord des
ruisseaux, sur les versants du pic d'Orizaba, de 9500 à 11,000 pieds;
elle croît aussi sur les rochers calcaires, dans les forêts de la cordillère au S. du bourg de Sola, de 6500 à 8000 pieds, où elle touche
déjà aux limites des régions tempérées de la cordillère d'Oaxaca.

134. Asplenium furcatum. *Th.*

♃. (Collect. H. Galeotti, n° 6390.) Juin.

Cette espèce vit sur les chênes et sur les liquidambars du Mont-
Pacho, près de Xalapa, à 4000 pieds d'élévation absolue; elle se plaît
dans les parties les plus sombres et les plus humides des forêts de cette
région tempérée.

135. Asplenium mexicanum. *Nobis.* (Pl. n° 15, fig. 4.)

♃. (Collect. H. Galeotti, n° 6391.) Juin-décembre.

Diagn. *Fronde ovato-lanceolata, acuminata, glabra, pinnato-pinnatifida,
pinnis petiolatis ovato-lanceolatis basi subpinnatis, apice pinnatifido-incisis,
serratis biserratisque; laciniis oblongis, obtusis, apice subtruncatis inciso-serratis; superioribus confluentibus; rachi laevi non marginato.*

Obs. *Species nostra affinis* Asplenio Martinicensi Willd.; *sed differt pinnis petiolatis laciniisque
oblongo-linearibus non obovatis.*

Cette Fougère, dont le port est fort gracieux, se trouve avec abondance sur les chênes et les liquidambars des forêts de Xalapa; elle
croît aussi dans les bois humides de la colonie allemande de Zacuapan et de Mirador, tantôt et plus souvent sur les arbres, tantôt sur
les pierres dans les endroits humides. Ses limites, entre 3000 et 4500
pieds, la rangent parmi les espèces des régions tempérées humides de
la cordillère de Véra-Cruz, région des chênes à feuilles lisses, des
liquidambars et des grandes fougères arborescentes.

136. Asplenium cicutarium. *Sw.*

    Syn. Darea cicutaria. *Willd.*

    24. (Collect. H. Galeotti, n°⁵ 6298 et 6325.) Février-Juin.

On trouve cette jolie et rare espèce sur les rochers humides de la région chaude tempérée des ravins près de Véra-Cruz, et dans les forêts humides de la colonie allemande de Mirador, dans la région tempérée chaude, à 2500 pieds de hauteur absolue.

MM. de Humboldt et Bonpland ont trouvé cette espèce dans la région tempérée des versants du mont élevé de Tumiriquiri (Cumana).

XXV. CAENOPTERIS. Swartz.

137. Caenopteris myriophylla. *Sw.*

    24. (Collect. H. Galeotti, n° 6250.) Mars.

Cette jolie petite espèce se trouve en touffes d'un vert tendre sur les rochers calcaires à cavernes de Llano-Verde et del Carrizal, dans la cordillère orientale d'Oaxaca, entre 7000 et 7500 pieds de hauteur absolue. Le Carrizal est remarquable par les Bambusacées (*Chusquea Galeottiana*. Ruprecht) élevées qui croissent en abondance dans cette localité et y forment des masses touffues où s'abritent le lion et le tigre mexicains.

138. Caenopteris achillaefolia. *Nobis.* (Pl. n° 16.)

    24. (Collect. H. Galeotti, n°ˢ 6279 et 6293.) Février.

Diagn. *Fronde ovato-lanceolata, acuminata, glabra, pinnato-pinnatifida: pinnis alternis, subdecurrentibus ovato-lanceolatis, apice longo-acuminatis, profunde pinnatifidis; laciniis oblongis serrato-pinnatifidis, supremis confluentibus integris; stipite rachique laevibus teretiusculis. — Frons pedalis laete viridis.*

Cette espèce de la région tempérée de la cordillère de Véra-Cruz, croît sur les rochers volcaniques et humides qui bordent les sombres et profonds ravins aux environs de la colonie de Mirador, de 2800 et 3500 pieds de hauteur absolue. On la trouve aussi, mais plus rarement, épiphyte sur les chênes, dans les forêts épaisses près de Zacuapan.

XXVI. WOODWARDIA. Smith.

139. Woodwardia spinulosa *Nobis.*

♃. (Collect. H. Galeotti, n° 6255.) Août.

Diagn. *Fronde pinnata, pinnis sessilibus profunde pinnatifidis, laciniis lanceolatis, serrulato-spinulosis apice longe-acuminatis; rachi subpaleaceo.*

Obs. *Differt species nostra a* Woodwordia *radicante* L., *cui proxima, laciniis pinnarum serrato-spinulosis, apice longe acuminatis.*

Cette belle Fougère croît au bord des rochers trachytiques de la caverne del Temascal, sur le versant oriental du pic d'Orizaba, et près des ruisseaux de la Vaqueria del Jacal, situés à 3000 pieds plus bas que la caverne; les limites de ce *Woodwardia* sont entre 9000 et 12,000 pieds de hauteur absolue; région froide où croissent les *Alnus*, les chênes et ces magnifiques *Pinus religiosa* et *Pinus teocote* (Schiede) qui élèvent leurs têtes à plus de 120 et 130 pieds de hauteur au-dessus du sol noir et fertile qui les nourrit.

XXVII. ASPIDIUM. R. Brown.

140. Aspidium pumilum. *Nobis.* (Planche n° 17, fig. 1.)

♃. (Collect. H. Galeotti, n° 6251.) Mars.

Diagn. *Fronde ternata glabra venosa, foliolis integris subspinuloso-serratis margine subcartilagineo, lateralibus sessilibus ovato-rotundatis subunguiculatis, medio petiolato majori ovato-lanceolato et acuminato; soris remotis biserialibus rotundatis venis insidentibus inter costam et marginem mediis; indusiis fimbriatis, stipite setoso-paleaceo.—Frons 1—2-pollicaris, stipes subpollicaris.*

Cette petite Fougère à fronde mince et comme membraneuse, ne saurait être confondue avec l'*Aspidium menyanthis* Presl, dont la fronde n'est pas garnie de serratures spinuleuses. On la trouve sur les mêmes rochers calcaires de Llano-Verde et del Carrizal, dans la cordillère orientale d'Oaxaca, où croît aussi le *Caenopteris myriophyl-*

lum, et appartient, comme cette derrière espèce, à la région froide, située entre 6500 et 7500 pieds.

141. Aspidium heracleifolium. *Willd.*

♃. (Collect. H. Galleotti, n° 6312.) Juin.

Cette jolie espèce croît sur les rochers volcaniques qui bordent la belle rivière de l'Antigua, aux environs du Puente Nacional, et dans les ravins humides et profonds, connus à la colonie de Zacuapan sous le nom de Barranca de San-Francisco. Elle appartient exclusivement à la région chaude des côtes de Véra-Cruz, et sa zone ne dépasse pas la hauteur de 1500 pieds au-dessus du niveau de l'océan.

142. Aspidium tuberosum. *Willd.*

♃. (Collect. H. Galleotti, n° 6374.) Juin.

On trouve cette espèce sur les rochers calcaires et schisteux de cette belle région tempérée chaude de la Chinantla, située aux confins de la cordillère orientale d'Oaxaca; elle se plaît dans les endroits humides mais peu boisés, sur le versant des montagnes à hautes graminées, où nous avons rencontré le *Mertensia tomentosa*, entre 2500 et 4000 pieds d'élévation absolue.

143. Aspidium serra. *Willd.*

♃. (Collect. H. Galeotti, n° 6311.) Juin.

Cette espèce se trouve sur les mêmes rochers près du Puente Nacional, où croît l'*Aspidium heracleifolinm*, et appartient, comme cette dernière espèce, à la région chaude de la côte; sa zone est limitée à 800 ou 1000 pieds de hauteur absolue.

144. Aspidium abruptum. *Kunze.*

♃. (Collect. H. Galeotti, n° 6387.) Février.

Cette belle et rare Fougère, atteignant 4 et 5 pieds de hauteur, se

trouve au bord des ruisseaux, dans le sol gneissique au SSE. d'Oaxaca,
à environ 4500 et 5000 pieds d'élévation absolue, dans la région tempérée des plateaux mexicains, où la température moyenne et la végétation sont très-différentes de celles des localités situées à de mêmes
hauteurs dans les régions boisées de la cordillère. C'est à la Hacienda
de la Compania, près d'Ejutla, à 20 lieues d'Oaxaca, que l'on trouve
cet *Aspidium*.

145. Aspidium crinitum. *Nobis.* (Pl. n° 17, fig. 2.)

♃. (Collect. H. Galeotti, n° 6348.) Août.

Diagn. Fronde ampla ovato-lanceolata, pinnata et pinnatifida; pinnis op-
positis approximatis horizontalibus elongatis lanceolato-linearibus profunde
pinnatifidis longe acuminatis, acumine inciso-serrato; costa laxe paleacea; la-
ciniis pinnarum oblongis obtusissimis subparallelogrammis venosis apice denticulatis; *soris biserialibus magnis confertis inter costulam et marginem mediis;*
indusiis reniformi-rotundatis; costulis subpaleaceis; rachi stipiteque dense ac
longissime paleaceis, paleis nitidis fuscis lineari-capillaceis.

Obs. *Species nostra affinis* A. parallelogrammo Kunze, *sed differt pinnis oppositis, laciniis*
non apice falcatis, rachi longissime paleaceo; accedit etiam ad Aspidium Paleaceum Sw., *sed in*
hoc frons bipinnata, pinnulae integerrimae hirtae.

Cette belle Fougère, qui a à peu près la forme de l'*Aspidium filix
mas*, est surtout remarquable par la touffe épaisse de paillettes étroi-
tes, presque capillaires, d'un pouce de long, qui recouvrent le stipe et le
rachis, et lui forment comme une espèce de crinière. Elle atteint 3 à 4
pieds de hauteur et ressemble à la tête élégante des Fougères arborescentes; c'est la Fougère la plus touffue des régions froides de la cordillère orientale d'Oaxaca. On la trouve dans les endroits marécageux,
près des rochers calcaires de Llano-Verde, à 6000 et 75000 pieds d'é-
lévation absolue. Elle fait un joli effet par son port gracieux dans le
sol noir et marécageux des forêts de pins et de chênes, où, à part des
pins, des chênes, des *Cornus*, des *Symploccos*, etc., on ne trouve que
fort peu de plantes de haute taille.

146. Aspidium aculeatum. *Willd.*

⁴. (Collect. H. Galeotti, n° 6322.)

C'est encore sur les rochers humides de la belle colonie de Zacuapan que nous trouverons cette espèce, avec l'*Asplenium cicutarium*, de 2500 à 3000 pieds, dans la région tempérée de la cordillère de Véra-Cruz.

147. Aspidium fragile. *Sw.*

⁴. (Collect. H. Galeotti, n° 6260). Août.

Cette jolie petite espèce croît sur les rochers trachytiques de la caverne del Temascal au pic d'Orizaba, à 11,000 et 12,500 pieds d'élévation absolue, là où les *Alnus*, les chênes et les pins commencent à être clair-semés, et font place aux genévriers et à quelques pins rabougris à branches allongées et presque traçantes ; solitudes rarement troublées par l'homme ; les loups y ont des retraites sûres, et il y règne éternellement un air vif et froid.

148. Aspidium fragile.

Var. Fumarioïdes.

⁴. (Collect. H. Galeotti, n° 6259). Août.

Cette fort jolie variété accompagne l'espèce précédente sur les rochers de la caverne del Temascal de 11,000 à 12,500 pieds d'élévation.

149. Aspidium athyrioides. *Nobis.* (Pl. n° 18.)

⁴. (Collect. H. Galeotti, n° 6425). Septembre.

Diagn. *Fronde lanceolata, glabra, bipinnata et pinnatifida, apice simpliciori, pinnis primariis subsessilibus ovato-lanceolatis, acuminatis, rachi marginato; pinnis secundariis sessilibus ovatis pinnatifidis infimisque pinnatis, laciniis oblongo-linearibus obtuse-serrulatis; soris reniformibus solitariis costae approximatis; rachi communi ac stipite paleaceis.*
Frons 8—10-pollicaris; pinnae 1—2-pollicaris; stipes 2—3-pollicaris, gracilis, paleis confertis tectus. — Medium tenet species nostra inter Asplenium

Michauxii Spr. *et* Asplenium filix foemina Bernh ; *a priori differt stipite palea-*
ceo, fronde subtripinnata ; a posteriori vero stipite basi dense paleaceo, serra-
turis laciniarum simplicioribus non bidentatis.

Obs. *Differt quoque ab* Aspidio mexicano Presl. *et* Kunze (*Linnaea* 1839), *cui maxime affinis,*
pinnulis non mucronato-sed obtuse-serratis, stipite basi paleis magnis confertis obducto non tan-
tum, ut in hac specie, sparsim paleaceo.

Cette espèce se trouve dans les forêts de chênes et de pins de Real-
del-Monte, près des ruisseaux ou sur les rochers porphyriques, entre
8000 et 8500 pieds de hauteur absolue; localité de la cordillère, au
nord de Mexico, aussi intéressante par ses belles plantes que par ses
richesses géognostiques. Elle fait partie de cette grande région froide
qui entoure la vallée de Mexico et se relie aux régions froides de la cordillère orientale de Véra-Cruz, par les hauteurs de la Malinche et des
environs de Tulancingo.

150. Aspidium melanostictum. *Kunze.*

♃. (Collect. H. Galeotti, nᵒˢ 6320 et 6457.) Juillet.

Cette belle Fougère, qui atteint au moins deux pieds de haut, habite
les forêts sombres de la colonie allemande de Mirador, sur les pierres
et sur les rochers volcaniques. On la trouve assez abondamment entre
3000 et 4000 pieds d'élévation absolue. Elle se distingue facilement de
toutes les espèces analogues par les téguments de ses sores (*indusia*),
qui sont persistants, orbiculaires, de couleur de cannelle, à ombilic
ou disque noir.

XXVIII. ADIANTUM. Linn. Swartz.

151. Adiantum macrophyllum *Sw. et Willd.*

♃. (Collect. H. Galeotti, nᵒ 6278.) Février.

Cet *Adiantum* croît sur les rochers qui surgissent çà et là dans les forêts humides, ou qui bordent les ravins profonds et étroits aux environs
de la colonie de Zacuapan, de 2000 à 3500 pieds d'élévation absolue.

On retrouve cette espèce sur les rochers de la caverne del Guacharo (Cumana), à 3000 pieds, et aux îles de la Trinité, de la Jamaïque et de St-Vincent.

152. ADIANTUM RADIATUM. *Linn.*

2⫧. (Collect. H. Galeotti, n° 6400.) Octobre-mars.

Cette jolie espèce, remarquable par ses frondes rayonnantes, est fort commune dans la région tempérée des environs de Xalapa et de la colonie de Mirador, entre 2800 et 4000 pieds de hauteur absolue, où elle croît dans le sol humide des forêts de chênes.

153. ADIANTUM VILLOSUM. *Linn.*

2⫧. (Collect. H. Galeotti, n° 6303). Décembre.

Cette espèce, fort rare, se trouve sur les rochers baignés par les eaux des rivières qui coulent dans les immenses ravins ou Barrancas, près de Mirador, entre autres dans celui nommé Barranca de San-Martin et dont le fond est à 1800 pieds de hauteur absolue; cette plante appartient à la région chaude de la cordillère de Véra-Cruz.

154. ADIANTUM PRIONOPHYLLUM *Kunth.* (*Synopsis.* Pl. *OEq.*)

Syn. A. TETRAPHYLLUM. *Willd.*

2⫧. (Collect. H. Galeotti, n° 6416). Septembre-décembre.

Obs. *Frons pedalis heptaphylla, stipes elongatus bipedalis.*

Cette belle Fougère habite les bois les plus sombres et les plus humides, près des ruisseaux et dans les endroits rocailleux à peu de distance de la ferme de Mirador, à 3000 pieds de hauteur; c'est dans ces mêmes bois que se trouve sur les chênes le *Trichopilia tortilis*, jolie Orchidée que nous avons introduite en Belgique.

Cet *Adiantum* se trouve à Cumana, dans les forêts humides près de Caripe et de Guanagana, dans la région tempérée.

155. Adiantum fructuosum. *Kunze.*

4. (Collect. H. Galeotti , n° 6300). Février-novembre.

Cette espèce se trouve avec la précédente dans les bois humides de la
colonie de Mirador, à 3000 pieds de hauteur absolue.

156. Adiantum affine. *Willd.*

4. (Collect. H. Galeotti , n°° 6318 et 6436). Juin-janvier:

On trouve cette espèce dans les bois de Xalapa et sur les rochers
de la colonie de Zacuapan entre 2500 et 4000 pieds, dans les régions
tempérée et tempérée chaude du versant oriental de la cordillère de
Véra-Cruz. On retrouve aussi cette Fougère et assez fréquemment sur les
rochers et dans les petits bois au fond du ravin qui enclave le Rio de
Lerma près de Guadalajara (cordillère occidentale du Mexique), à
2500 et 3000 pieds de hauteur absolue.

157. Adiantum trapeziforme. *Linn.*

4. (Collect. H. Galeotti, n° 6338). Octobre.

Cette *Adiantum* croît en compagnie de l'*Adiantum villosum*, sur
les rochers volcaniques, baignés par la rivière qui coule au fond du
ravin de San-Martin, près de la colonie de Zacuapan, à 1800 et 2000
pieds de hauteur absolue.

158. Adiantum cuneatum. *Langsdorff et Fischer*. *Willd. Raddi.*

Var. Angustifolia. *Nobis.*

4. (Collect. H. Galeotti, n° 6266 et 6359). Août-décembre.

Obs. *Foliola nostrae speciei angustiora magisque elongata quam in icone ab* Hooker *et* Greville
depicto (*icon, filicum* , tab. 30).

Cette variété appartient exclusivement aux régions froides de la
cordillère du Mexique ; on la trouve dans les bois près des ruisseaux de
la Vaqueria del Jacal au pic d'Orizaba, à une hauteur de 9000 à
10,500 pieds, puis dans les forêts humides du mont San-Felipe près
de la ville d'Oaxaca, à 8000 pieds d'élévation ; elle se retrouve dans la

chaîne calcaire, au sud de Sola, dans les forêts de *Cheirostemon platanoides*, puis sur les rochers gneissiques et syénitiques du mont élevé de la Virgen, sur le versant de la cordillère qui longe l'océan Pacifique dans le département d'Oaxaca. Ici sa limite inférieure est entre 6500 et 7000, et sa limite supérieure à 8000 pieds. Dans toutes ces diverses localités, elle se plaît dans les endroits humides et au bord des ruisseaux, où elle étale ses jolies folioles d'un vert blanchâtre. Le type : l'*A. cuneatum* habite le Brésil et l'île de St-Vincent.

159. Adiantum excisum. *Kunze.*

♃. (Collect. H. Galeotti, n° 6360.) Octobre-février.

Cette espèce, dont le port se rapproche de celui de l'espèce précédente, se trouve aussi avec elle, dans la plupart des localités où nous avons rencontré cette dernière, à l'exception du pic d'Orizaba, où elle semble ne point exister. Elle appartient, comme l'espèce précédente, aux régions froides des branches orientale et occidentale du département d'Oaxaca, entre 7000 et 8500 pieds de hauteur absolue.

160. Adianthum tenerum. *Swartz.*

♃. (Collect. H. Galeotti, n° 6317.) Juin.

Cette jolie et élégante espèce paraît propre à la région chaude tempérée des ravins près de Véra-Cruz ; on la trouve sur les rochers du Puente Nacional de 500 à 1500 pieds d'élévation.

161. Adianthum tenerum. *Sw.*

Var. Dissectum. *Nobis.*

♃. (Collect. H. Galeotti, n° 6361.) Octobre-février.

Obs. *Pinnulae profunde lobato-incisae, lobulis bifidis.*

Les régions froides qui nourrissent l'*Adiantum excisum*, et l'*A. cuneatum angustifolium*, réclament aussi cette variété, dont les formes s'écartant un peu du type, semblent pouvoir être attribuées aux différences thermométriques qui séparent la région chaude des environs de Véra-Cruz et où règne une température moyenne de 23 à 24° c. des régions froides de la cordillère, où la température moyenne descend à 8 et 11° c., entre 6500 et 8500 pieds de hauteur absolue.

162. ADIANTHUM PELLUCIDUM. *Nobis.* (Pl. n° 19.)

2⊦. (Collect. H. Galeotti, n° 6461.)

Diagn. *Fronde supra-decomposita pellucida, foliolis rhombeo-subrotundis apice lobato-incisis, lobulis fertilibus obtuse emarginatis, sterilibus integris, indusiis reniformibus.*

Stipes ramificationesque nitido-purpureae, petioli capillares 3—4 lineas longi, foliola basi cuneata vel truncata vel etiam subreniformi-cuneata apice late rotundata lobato-incisa, lobulis fertilibus obtuse emarginatis sinubus sorophoris, sterilibus apice rotundato integerrimo.

Obs. *Species haec proxima* Adianto tenero Sw., *sed lobulis fertilibus integris praesertim distinguitur.*

Cette intéressante espèce se trouve dans les forêts humides, parées d'une éternelle verdure, qui conduisent le voyageur des sommités de la cordillère de Yavezia aux ravins brûlants de Tanetze et de Talea (bourgs à l'E. de la ville d'Oaxaca). On la rencontre sur les rochers calcaires et schisteux ombragés par les chênes, les pins et les *Symploccos,* depuis 4000 jusqu'à 7000 pieds de hauteur absolue.

163. ADIANTUM FRAGILE. *Swartz.*

Var. Pubescens. *Nobis.*

2⊦. (Collect. H. Galeotti, n° 6445.) Janvier.

Diagn. *Fronde ovata, pedali, quadruplicato-pinnata; pinnulis 3-linearibus cuneato-obovatis, subintegris, pubescentibus.*

On trouve cette jolie espèce d'*Adiantum* sur les rochers au bord du Rio Grande de Lerma, à 3 lieues au N. de Guadalaxara et entre 2500 et 3500 pieds de hauteur absolue; elle appartient à la région tempérée chaude de cette partie de la cordillère occidentale du Mexique.

164. ADIANTUM CONCINNUM. *Kunth* et *Humboldt*. *Willd.*

♃. (Collect. H. Galeotti, n° 6447.) Septembre.

Cette espèce se trouve sur les rochers porphyriques et dans les bois humides près de Réal del Monte, vers 8000 pieds de hauteur absolue. Cette Fougère, qui fait partie de la section à laquelle appartiennent l'*A. fragile*, l'*A. tenerum*, l'*A. excisum*, l'*A. cuneatum*, l'*A. affine*, espèces remarquables par leur port élégant, par la légèreté de leurs formes et la brillante couleur noire ou brune de leurs stipes, est assez commune dans les forêts humides, etc., comme toutes les espèces que nous venons de citer. Elle se plaît près des ruisseaux et y croît par touffes, qui se balancent au moindre souffle du vent. Elle se distingue aisément des espèces précédentes par la forme arrondie de ses pinnules.

MM. de Humboldt et Bonpland ont trouvé cette espèce dans le ravin del Cuchivano, à environ 3000 pieds, dans la région tempérée de Cumana.

Note. — MM. Hooker et Greville, dans leur bel ouvrage (*Icon. filicum*), citent l'*Adiantum lunulatum* Burman (*Ad. arcuatum* Swartz), comme se trouvant à Acapulco, dans la région chaude de la côte de l'État de Mexico, baignée par l'océan Pacifique. Cette espèce, qu'ils signalent au Mexique sur l'autorité de Hœnke, se retrouverait à des distances énormes : comme à Java, au Nepal, à Malabar, au Brésil et aux îles Philippines. Nous n'avons point rencontré cette espèce.

XXIX. CHEILANTHES. Sw.

165. CHEILANTHES CANDIDA. *Nobis*. (Pl. n° 20, fig. 1.)

♃. (Collect. H. Galeotti, n° 6442.) Janvier.

Diagn. *Fronde ovata, bipinnata, supra glabra, viridi, subtus albido-farinosa; pinnis primariis distantibus, lanceolatis, horizontalibus, pinnatis vel profunde pinnatifidis; inferioribus basi bipinnatis; foliolis oblongis, obtusis, integerrimis, adnatis, subdecurrentibus; soris globosis, nigris, subcontiguis, marginalibus; rachi stipiteque laevibus atro-purpureis; caudice squamoso.*

Frons 2—4 *pollices longa ; pinnae primariae lanceolato - lineares* 1 —

2-pollicares, sessiles ; pinnae secundariae 3—5-lineares, infimae ad basin pinnarum inferiorum elongatae ac profunde pinnatifidae.

Obs. *Species proxima* Cheilanthes farinosae Hooker et Greville, tab. 134, *sed in hac pinnae nec pinnatae nec profunde pinnatifidae. Differt quoque species nostra a* Cheilanthes dealbato *Pursh, fronde non triplicato-pinnata, foliolis oblongo-linearibus integerrimis.*

Cette espèce, remarquable par la blancheur crétacée ou farineuse de la partie inférieure de sa fronde et par ses sores globuleuses d'un noir de jayet, croît par touffes dans les endroits secs et rocailleux du ravin ou vallée du Rio-Grande de Lerma, au N. de Guadalaxara; elle se plaît sur les rochers trachytiques arides et exposés aux rayons du soleil. Ses limites sont entre 2500 et 4000 pieds de hauteur absolue ; ses habitudes la font rentrer dans les régions chaudes tempérées de la cordillère occidentale du Mexique, où la température moyenne est d'environ 20 à 21° c.

166. CHEILANTHES SCARIOSA. *Kaulf.*

♃. (Collect. H. Galeotti, n° 6258.) Août.

Cette belle et rare espèce, atteignant parfois jusqu'à 2 pieds de hauteur, croît entre les crevasses des rochers trachytiques de la Cueva del Temascal au pic d'Orizaba, à 11,000 et 12,500 pieds de hauteur absolue : région froide, où les Phanérogames deviennent rares et sont remplacées par différentes espèces d'Agames, telles que le *Cora pavonia*, les *Cenococcum*, des *Rhizomorpha*, le *Dicranum Schraderi*, le *Ramalina polymorpha*, le *Cenomyce verticillata* Ach., et *C. pixidata*, les *Stereocaulon ramulosum* et *botryosum*, et enfin par les *Lecidea geographica* qui ornent les rochers de teintes jaunes et rouges. Les Fougères disparaissent un peu au delà des grands pins vers 12,500 et 12,600 pieds de hauteur absolue.

167. CHEILANTHES LENTIGERA. *Swartz.*

♃. (Collect. H. Galeotti, n°ˢ 6391 et 6487.) Janvier-juin.

On trouve cette espèce dans le sol gneissique et de calcaire cristallin blanc de la Misteca-Alta, contrée située à l'O. d'Oaxaca, couverte de chénes de petite taille, mais chargée de *Laelia furfuracea* et *albida* et *d'Odontoglossum*, appartenant à la région froide de la cordillère occidentale du département d'Oaxaca. Cette espèce se plaît près des ruisseaux du bourg de Penoles, à 6500 et 8000 pieds de hauteur absolue. On la retrouve aussi sur les rochers des petits ravins tributaires de la Grande Barranca du Rio-Grande de Lerma, vers 4000 pieds d'élévation, dans la région tempérée de la cordillère, au N. de Guadalajara.

168. CHEILANTHES LANUGINOSA. *Nobis.* (Pl. n° 20, fig. 2.)

♃. (Collect. H. Galeotti, n° 6450.) Septembre.

Diagn. *Fronde ovato-lanceolata, tripinnata, subtus rufo-lanuginosa; foliolis orbiculatis, sessilibus, solitariis; stipite rachique rufo-paleaceo-lanatis.*

Obs. *Affine* Ch. lentigeræ *Sw., sed frons minus decomposita, foliola majora, non ternata.*

On trouve cette espèce sur les rochers porphyriques et au pied des chénes, près de Moran et de Réal del Monte, entre 7500 et 8500 pieds de hauteur absolue. Elle appartient à la flore des régions froides de la cordillère au nord de Mexico.

169. CHEILANTHES MINOR. *Nobis.* (Pl. n° 21, fig. 1.)

♃. (Collect. H. Galeotti, n° 6464.)

Diagn. *Fronde ovata tripinnata subtus hirsutiuscula, foliolis suborbiculatis dentato-crenulatis, stipite rachique rufo-paleaceo-hirsutis.*
Descr. *Frons ovata 2—3 pollices longa supra glabra, foliola subtus hirsutiuscula crenulata, foliolis* Cheilanthes lentigerae *duplo majora, stipes atropurpureo-nitidus rufo-hirsutus, caudex rufo-hirsutus.*

Obs. *Species haec proxima est* Cheilanthes lanuginosæ *Nobis, sed fronde minori foliolisque crenatis differt.*

On trouve cette espèce croissant sur les hauts rochers calcaires et schisteux qui bordent le Rio de Capulalpan, dans la cordillère orientale d'Oaxaca, à 6500 et 7500 pieds de hauteur absolue; on la rencontre par petites touffes sortant des crevasses des rochers.

170. Cheilanthes paleacea. *Nobis.* (Pl. n° 21 , fig. 2.)

4. (Collect. H. Galeotti, n° 6429.) Septembre.

Diagn. *Fronde contracta, ovato-lanceolata, triplicato-pinnata, subhirta; undique et praesertim subtus squamulis scariosis albidis, centro fuscis, apice longe acuminatis, dense obtecta; foliolis minutis rotundis subternatis; stipite rachique albo-pilosis.*

Obs. *Affine* Cheil. lentigerae *Sw.; differt fronde paleis nitidis ovalis acuminatis ex toto obtecta.*

Cette singulière espèce à folioles protégées par des squames transparents, qui semblent destinés à les abriter du froid qui règne dans la cordillère, à 7500 et 8000 pieds, se trouve sur les rochers basaltiques, au sommet de la Cuesta-Blanca, près du bourg de Mextitlan (route de Mexico à Tampico); région froide, exposée aux vents du Nord, où abonde le *Mamillaria longimamma* et le *Mamillaria caput-medusae;* limite supérieure de cette magnifique vallée de Mextitlan et du Rio-Grande, où nous avons récolté une foule de beaux *Cactus.*

Le *Cheilanthes paleacea* se plaît dans les endroits arides et exposés au soleil.

171. Cheilanthes micromera. *Link.*

4. (Collect. H. Galeotti, n° 6339.) Mars.

Diagn. *Fronde bipinnata, stipite et rachi atropurpureis nitidis parce fusco-villosis; pinnulis parvulis, subpetiolatis, semi-hastatis, oblongis, obtusis.*

Nous avons rencontré cette belle espèce, sur ces vieux chênes de Llano-Verde que nous avons cités tant de fois; elle s'y trouve avec l'*Asplenium semi-cordatum*, les *Acrostichum peltatum* et *lingua*, etc.;

ses limites sont entre 6500 et 7500 pieds de hauteur absolue dans la région froide des belles montagnes calcaires, à l'E. d'Oaxaca.

XXX. DAVALLIA. *Smith, Swartz.*

172. DAVALLIA DIVARICATA. *Schlechtendal.* (Linnea 1830.)

♃. (Collect. H. Galeotti, n° 6372.) Juin.

Cette curieuse espèce est fort commune dans les petits bois de la région tempérée près du bourg de Villa-Alta et de la Chinantla ; elle s'y trouve associée au *Lycopodium thyoïdes*, dont elle affecte les habitudes en grimpant comme lui, autour du tronc des *Vaccinium caracasanum* Dec., des *Vacc. discolor*, Nobis, et des Myrtes. On trouve cette Fougère entre 4000 et 6000 pieds de hauteur absolue, près des villages de Roayaga, Talea, Tanetze, Lalana, Teotalcingo, etc., réunions de maisons qui, de loin, ressemblent à des aires d'aigles, tant les montagnes sur lesquelles elles sont bâties sont abruptes. Cette partie de la cordillère d'Oaxaca n'est composée que de ravins profonds et étroits et de montagnes allongées, escarpées, à sommet tranchant : on croirait que ces montagnes ont été moulées dans les étroits ravins qui les séparent les unes des autres ; puis rétirées du moule et placées là où nous les voyons, tant elles semblent être la contrefaçon de ces ravins !

XXXI. DICKSONIA. L'HÉRITIER, SWARTZ.

173. DICKSONIA DISSECTA. *Schk.*

♃. (Collect. H. Galeotti, n°s 6292 et 6323.) Février-août.

Cette espèce croît sur les rochers volcaniques de la colonie allemande de Zacuapan, entre 2500 et 3000 pieds de hauteur, dans la région tempérée chaude ; elle se trouve aussi sur les rochers qui bordent le Rio Antigua près de Véra-Cruz, dans la région chaude et humide de la côte.

XXXII. ALSOPHILA. R. Brown.

174. Alsophila pilosa. *Nobis.* (Planche 22.)

♃. (Collect. H. Galeotti, n° 6405.) Février.

Diagn. *Fronde ampla, pilosa, ovato-lanceolata, subbipinnata; pinnis patentibus, lanceolatis, elongatis, longe acuminatis, profunde pinnatifidis, superioribus sensim minoribus; laciniis lineari-oblongis, obtusis, apice denticulatis,
margine revoluto, supra glabris, parallele-venosis, subtus rachique et costis
pilosis; soris rotundis, confertis, submarginalibus pilosis; stipite rachique communi hirsutis. — Frons 4—6-pedalis; pinnae 2—10-pollicares; infimae peda-
les; laciniae $\frac{1}{2}$—1 pollicares.*

Cette belle espèce, qui atteint 5 à 6 pieds de hauteur, se trouve le long
des ruisseaux, dont elle se partage en quelques endroits, les bords avec le
Lomaria longifolia, dans les forêts épaisses et humides de Totutla, à
2 lieues de la colonie de Mirador, et à 4000 pieds environ de hauteur
absolue. Cette espèce, assez rare, appartient à la flore de la région tempérée et humide du versant océanique de la cordillère orientale d'A-
nahuac.

175. Alsophila fulva. *Nobis.* (Pl. n° 23.)

♂. (Collect. H. Galeotti, n° 6346.) Décembre.

Diagn. *Fronde ampla, ovata, bipinnata; pinnis primariis alternis sessilibus,
elongato-lanceolatis, acuminatis, acumine longo, serrato; pinnis secundariis
sessilibus, patentibus, lanceolatis, longe acuminatis, profunde pinnatifidis; laciniis oblongis subfalcatis, obtusis, apice denticulatis, parallele venosis; soris
copiosis, confluentibus, fulvis, squamulis intermixtis; costa et nervis pinnula-
rum setis palaceis subadpressis obsitis; rachi communi ac partiali angulatis
sulcatis, fulvo-pubescenti-tomentosis.*

Obs. *Affine Alsophilae setosae Kaulf, sed frons non tripinnata, foliola ovato-oblonga, non
linearia.*

Cette Fougère, dont les *pinnules* principales ont près de deux pieds
de long, est remarquable par la confluence et le grand nombre de ses

sores qui occupent presque toute la face postérieure de la fronde et lui donnent une couleur d'un jaune fauve doré ; son stipe arborescent s'élance à 18 et 20 pieds, souvent même à 25 et 30 pieds, où parfois il se bifurque.

Cette élégante Fougère croît au bord des ruisseaux de Talea, dans les bois de pins et d'*Ericaceae*, qui, dans cette partie de la cordillère orientale d'Oaxaca descendent jusque dans la région chaude des *Achras sapota*, des *Mammea americana* et du *Carica papaya*. Elle croît en compagnie du *Marattia laevis*, et atteint les mêmes limites que cette dernière Fougère, c'est-à-dire qu'elle disparaît à 6000 pieds de hauteur absolue. Ses limites inférieures sont à 5000 pieds.

L'*Alsophila fulva* appartient à la région tempérée froide du district calcaire et schisteux de Villa-Alta.

176. ALSOPHILA PRUINATA. *Kaulf*.

Syn. POLYPODIUM PRUINATUM. *Sprengel*.

♃. (Collect. H. Galeotti, n° 6334.) Juin.

Cette magnifique Fougère arborescente, dont le stipe s'élève à 30 et 35 pieds de hauteur, est fort commune dans la région tempérée et humide des chênes et des liquidambars près de Jalapa (au mont Pacho) et près de Totutla. Elle croît au bord des ruisseaux, dans les endroits les plus sombres de la forêt ; il n'y a pas de palmier qui puisse être comparé à cette Fougère, tant elle est remarquable par l'élégance de ses belles frondes, d'un blanc bleuâtre à la face inférieure et d'un beau vert à la face supérieure. Le stipe de cette espèce est épineux, ainsi que le commencement du rachis des frondes. Ses limites sont situées entre 3500 et 4000 pieds de hauteur absolue.

XXXIII. CYATHEA. SMITH, SWARTZ.

177. CYATHEA MEXICANA. *Schlechtendal*. (Linnaea 1830.)

♂. (Collect. H. Galeotti, n° 6334.) Juin.

Cette espèce se trouve, avec la précédente, le long des ruisseaux,

dans les forêts épaisses de Xalapa et de Totutla (à 2 lieues de la colonie de Zacuapan), entre 3500 et 4000 pieds de hauteur absolue. La
zone qu'occupent les Fougères arborescentes sur la déclivité orientale
de la cordillère d'Anahuac, est fort limitée; c'est surtout à 3500 pieds
que ces belles plantes sont plus abondantes : il leur faut un climat
très-humide et une température moyenne de 18 à 20° c. environ; au
contraire, les espèces de la cordillère d'Oaxaca occupent une zone
climatérique plus étendue, et d'une température variant entre 14
et 18° c.

178. Cyathea. *Affinis C. Mexicanae.*

♃. (Collect. H. Galeotti, n° 6347.) Décembre.

Obs. *Differa* C. mexicana *pinnis secundariis* profunde *pinnatifidis non tantum pinnatifido-incisis; laciniisque lineari-oblongis*, serratis, obtusis.

Cette grande Fougère à stipe de 15 à 20 pieds de haut, se trouve,
avec l'*Alsophila fulva*, au bord des ruisseaux, dans les forêts de pins
du bourg de Talea, de 5000 à 6000 pieds de hauteur absolue, dans
la région tempérée froide de la cordillère orientale d'Oaxaca.

XXXIV. CIBOTIUM. Kaulf.

179. Cibotium Schiedei. *Schlecht.* (Linnaea 1830.)

♃. (Collect. H. Galeotti, n° 6458.) Octobre.

Cette belle et grande Fougère, qui présente l'aspect de l'*Alsophila
pruinata* Kaulf, mais qui s'en éloigne beaucoup par sa fructification,
se trouve dans les forêts, au bord des ruisseaux, près de la jolie ville
de Xalapa; elle y atteint une taille de 10 à 15 pieds.

Elle appartient à cette petite sous-région située sur la pente orientale de la cordillère d'Anahuac et à une élévation moyenne de 4000
pieds, caractérisée par les liquidambars, les *Symploccos coccinea* et
les Fougères arborescentes.

TRICHOMANOIDEAE.

—

XXXV. TRICHOMANES. Smith, Swartz.

180. Trichomanes trichoideum. *Sm.*

Syn. Trichomanes pyxidiferum. *Schkuhr.*

♃. (Collect. H. Galeotti, nᵒ 6395.) Décembre.

Cette Fougère grimpe sur les chênes et sur la plupart des arbres qui croissent dans les forêts les plus humides de Xalapa, à 3500 et 4500 pieds de hauteur absolue ; elle appartient à la belle flore de la région tempérée de la cordillère de Véra-Cruz.

Cette espèce se retrouve dans les montagnes de la Jamaïque et près de Quito, à environ 7000 pieds anglais de hauteur absolue.

181. Trichomanes scandens. *Hedw.*

♃. (Collect. H. Galeotti, nᵒ 6396.) Juin-février.

Cette espèce se trouve le plus souvent associée à la précédente dans les forêts de Xalapa, à 3500 et 4500 pieds d'élévation absolue.

XXXVI. HYMENOPHYLLUM. Sm.

182. Hymenophyllum jalapense. *Schlecht.* (Linnaea 1830.)

♃. (Collect. H. Galeotti, nᵒˢ 6305 et 6394.) Février-juin.

Cette espèce, qui est très-voisine de l'*Hymenophyllum polyanthos* Sm., s'accroche aux chênes dans les forêts humides de Xalapa et de la colonie allemande de Mirador ; elle grimpe aussi parfois sur les rochers chargés de mousse et de *pepromia*, au bord des ruisseaux de Zacuapan ;

11

sa zone est limitée entre 3000 et 4500 pieds ; elle appartient à la flore de la région humide et tempérée des forêts qui couvrent le pied oriental de la cordillère d'Anahuac.

REMARQUES

SUR LA DISTRIBUTION GÉOGRAPHIQUE ET GÉOLOGIQUE DES FOUGÈRES
AU MEXIQUE.

Les nombreuses espèces de Fougères indiquées dans ce mémoire se trouvent distribuées, au Mexique, suivant un certain ordre, entre les différentes régions climatériques et naturelles que l'on peut établir dans ce vaste pays, d'après les observations de l'un de nous, depuis les bords de la mer jusqu'à 12,800 pieds de hauteur absolue ; depuis les plages baignées par les eaux de l'océan jusqu'aux limites inférieures des neiges éternelles.

Ainsi, nous établirons les stations naturelles des Fougères selon qu'elles appartiendront aux grandes régions climatériques dont nous allons faire une légère esquisse :

1º * Région chaude située au pied de la cordillère, s'élevant des bords de la côte atlantique jusqu'à une hauteur absolue de 2500 pieds ; elle peut se subdiviser en :

A. *Sous-région chaude de la côte*, caractérisée par ses forêts peu épaisses, où croissent les *Rhizophora Mangle, Castillea elastica, Convolvulus maritimus*, etc., et par ses dunes. Humidité peu abondante ; température moyenne, 25º à 25º 30′ c. Elle occupe une bande étroite le long de la côte, en présentant çà et là des oasis fertiles et humides qui appartiennent à la sous-région suivante.

On y trouve :

1 *Lygodium*

et

1 *Acrostichum.*

B. *Sous-région chaude des ravins et des forêts humides,* caractérisée par une foule d'arbres divers qui lui sont propres, comme des grands *Mimosa* (que l'on ne trouve pas dans la sous-région précédente), des *Bignonia* arborescentes, des *Lianes* appartenant à diverses familles (*Poligoneae, Smilacineae, Bignoniaceae, Leguminosae, Compositae,* etc.), des *Cordiaceae,* etc., et par une grande variété de plantes odorantes; on y trouve les Caïmans, les Perruches, etc. Terrain basaltique, conglomérats volcaniques et détritus divers. Température moyenne de 19° à 24° 30′ c.

Cette sous-région, très-fertile, peuplée d'animaux et d'oiseaux variés, passe à la région tempérée dans les ravins et les forêts humides situées à 2000-3000 pieds; on pourrait donc établir une sous-division : région chaude tempérée de 1500 ou 1800 pieds à 2500 et 3000 pieds.

Le nombre de Fougères dans cette sous-région est assez limité; on y trouve :

> 2 *Lygodium* (un appartenant à la sous-région précédente).
> 1 *Psilotum.*
> 1 *Aneimia.*
> 1 *Acrostichum.*
> 1 *Gymnogramme.*
> 1 *Polypodium.*
> 2 *Pteris* (sur les limites supérieures).
> 3 *Asplenium*
> 2 *Aspidium.*
> 4 *Adiantum* (dont 1 commun à la région tempérée).
> 1 *Dicksonia* (se retrouvant dans la région tempérée).
> ───
> 19 espèces.

C. *Région chaude des bords de l'océan Pacifique.* — S'élevant jusqu'à 2500 et 3000 pieds; température moyenne, 19° à 25°; forêts humides, ravins profonds, présentant une végétation vigoureuse jusqu'au bord de l'océan. Sol basaltique dans le département de Jalisco, granitique à Acapulco, gneissique et granitique dans l'État d'Oaxaca.

On y trouve les Fougères suivantes :

> 1 *Lygodium.*
> 1 *Acrostichum* (se retrouve dans les régions plus élevées).
> 1 *Polypodium.*
> 1 *Blechnum* (se retrouvant dans la région tempérée).
> 1 *Asplenium.*
> 3 *Adiantum* (1 se retrouvant dans la région tempérée chaude de Véra-Cruz).
> 1 *Cheilanthes.*

Toutes ces espèces, excepté l'*Adiantum lunulatum* du sol granitique, croissent sur le sol volcanique.

2° RÉGIONS TEMPÉRÉES.

A. *Des versants océaniques de la cordillère orientale.* — Cette région est fort étendue; elle embrasse une partie considérable de la pente océanique de la cordillère orientale du Mexique; ses limites supérieures sont difficiles à assigner, surtout dans la portion de la cordillère qui traverse l'État d'Oaxaca. Elle se caractérise par une éternelle verdure (dans la région chaude au contraire, et pendant les mois de décembre à mai, la végétation est languissante et les arbres généralement dépouillés de feuilles), par une humidité excessive, par la présence des Fougères arborescentes et des liquidambars, par ses chênes à feuilles luisantes, par une foule d'Orchidées (dont quelques-une, telles que le *Maxillaria Deppii, agglomerata, aromatica* et le *Trichopilia tortilis*, caractérisent fort bien cette région), par le *Myrica jalappensis*, etc., etc.

Température moyenne variant de 15° à 19° c.

Dans l'État d'Oaxaca, cette région présente un mélange curieux de plantes des régions froides; ainsi les pins des régions élevées y descendent jusqu'à 3000 pieds, et, par contre, les *Symploccos coccinea*, les *Myrtineae*, les *Melastomes* de la région tempérée se retrouvent à 7000 pieds. Nous ne pouvons nous étendre ici sur ce sujet intéressant; nous nous bornons à citer les faits. On pourrait établir 3 sous-régions dans cette région : *sous-région tempérée chaude,* entre 2500 et 3500 pieds; *sous-région tempérée,* entre 3000 ou 3500 et 4000—5000 pieds, et *sous-région tempérée froide,* de 4500 à 5500 et 6000 pieds; mais, pour éviter d'entrer dans trop de détails, nous confondrons ces 3 sous-régions en une seule.

Sol généralement basaltique dans l'État de Véra-Cruz et calcaire-schisteux dans l'État d'Oaxaca, nous distribuerons donc les Fougères de cette région selon qu'elles appartiennent au sol basaltique ou au sol calcaréo-schisteux.

<table>
<tr><td>SOL BASALTIQUE.</td><td>SOL CALCARÉO-SCHISTEUX.</td></tr>
<tr><td>6 Lycopodium (dont 1 en région froide).</td><td>3 Lycopodium (1 du sol basaltique).</td></tr>
<tr><td>2 Psilotum.</td><td>1 Ophioglossum.</td></tr>
<tr><td>1 Mertensia.</td><td>1 Marattia.</td></tr>
<tr><td>1 Aneimia.</td><td>1 Mertensia.</td></tr>
<tr><td>1 Osmunda.</td><td>5 Polypodium (2 se retrouvent dans le sol basaltique de Xalapa).</td></tr>
<tr><td>3 Acrostichum (2 en terre froide).</td><td>1 Blechnum (se retrouve sur le sol basaltique).</td></tr>
<tr><td>4 Gymnogramme (1 se retrouve en terre froide et 1 en terre chaude).</td><td></td></tr>
</table>

SOL BASALTIQUE.

19 *Polypodium* (3 espèces se retrouvent en terre froide).
1 *Taenitis* (et en terre froide).
1 *Lomaria.*
4 *Blechnum.*
1 *Diplazium.*
4 *Pteris.*
12 *Asplenium* (dont 1 est commun aux régions froides et chaudes).
1 *Caenopteris.*
2 *Aspidium.*
5 *Adiantum.*
1 *Cheilanthes.*
1 *Dicksonia* (descend dans la région chaude).
2 *Alsophila.*
1 *Cibotium.*
1 *Cyathea.*
2 *Trichomanes.*
1 *Hymenophyllum.*

77 espèces.

SOL CALCARÉO-SCHISTEUX.

3 *Pteris.*
1 *Asplenium* (se retrouve sur le sol basaltique).
1 *Adiantum* (monte dans les régions froides).
1 *Aspidium.*
1 *Davallia.*
1 *Alsophila.*
1 *Cyathea.*

21 espèces.

Des 77 espèces du sol basaltique, 62 espèces lui sont particulières, 9 montent dans les régions froides, 3 descendent dans la région chaude, enfin 4 espèces seulement se retrouvent sur le sol calcaréo-schisteux d'Oaxaca.

Des 21 espèces qui croissent dans le sol calcaréo-schisteux, 16 lui sont propres et 5 se retrouvent sur le sol basaltique de la région tempérée. Ainsi les régions tempérées du versant océanique de la branche orientale de la cordillère, renferment la moitié des espèces de Fougères que nous avons recueillies au Mexique.

B. *Des versants océaniques de la cordillère occidentale.* — La région tempérée est fort développée dans les parties occidentales du Mexique ; ainsi une bonne partie du département de Michoacan, du territoire de Colima, du département de Jalisco lui appartiennent. Dans l'État d'Oaxaca, elle s'avance jusqu'au bord de la mer et descend même à 1000 pieds de hauteur absolue ; ses limites supérieures sont situées au moins à 6500 pieds.

Nous n'y avons jamais vu de *Fougères arborescentes* ni de *liquidambars;* elle renferme une grande variété de chênes et d'Orchidées remarquables, quelques beaux palmiers, mais point de *Chamaedorea,* qui abondent sur la côte atlantique. — Température moyenne de 15° à 20° c. (près Tepic). Sol basaltique (Jalisco, partie du Michoacan), calcaire et grès divers (Michoacan méridional), calcaire cristallin, gneiss, granite, syénite (côtes d'Oaxaca).

Nous distinguerons, comme nous l'avons fait pour la région tempérée atlantique, les Fougères du sol volcanique de celles des terrains granitique et gneissique.

<table>
<tr><td>SOL VOLCANIQUE.</td><td>SOL GRANITIQUE ET GNEISSIQUE.</td></tr>
<tr><td>1 Lycopodium.</td><td>3 Aneimia.</td></tr>
<tr><td>1 Acrostichum (se retrouve dans le sol gneissique et en terre froide).</td><td>1 Acrostichum (se retrouve en terre froide).</td></tr>
<tr><td>1 Gymnogramme.</td><td>1 Polypodium.</td></tr>
<tr><td>1 Notochlaena.</td><td>1 Pleiopeltis.</td></tr>
<tr><td>1 Blechnum (se retrouve dans la cordillère orientale sur les basaltes et calcaires).</td><td>2 Allosorus.</td></tr>
<tr><td>1 Pteris (se retrouve dans le sol basaltique de terre froide).</td><td>1 Asplenium.</td></tr>
<tr><td>2 Adiantum (1 se retrouve sur le sol basaltique de Xalapa).</td><td>9 espèces.</td></tr>
<tr><td>1 Cheilanthes.</td><td></td></tr>
<tr><td>9 espèces.</td><td></td></tr>
</table>

Huit des 9 espèces du sol gneissique lui sont propres ; des 9 espèces du sol basaltique, 5 lui sont propres ; les autres se retrouvent dans le même terrain, soit dans une région plus froide, soit sans la cordillère orientale.

C. *Région tempérée des versants centraux et des plaines.* — * Région des versants. — Les versants qui forment les parois de quelques plateaux du Mexique, tous ceux qui regardent l'Occident ou les plaines centrales, depuis 3500 jusqu'à 6000 pieds environ, appartiennent à cette région qui présente une végétation tout à fait différente de celle qui recouvre le dos des versants océaniques. C'est dans cette région que l'on doit ranger les ravins des environs de Regla, de Real del Monte, de Zimapan (États de Mexico et de Queretaro) ; les ravins près et au S. d'Oaxaca (Ejutla), et les défilés qui conduisent à Sola ; les gorges des montagnes près d'Oaxaca ; les ravins et versants près de Guadalajara et de Tepic, de San Luis Potosi, etc. ; localités caractérisées par une grande quantité de *Cacteae*, de *Bromeliaceae* terrestres et de *Mimosae*. Température moyenne variant de 15° (Ravins près d'Oaxaca) à 20° c., (ravins de Mextitlan, environs de Tepic et de Guadalajara). Sol de différentes natures : calcaire, schisteux, basaltique, trachytique, porphyrique et gneissique, etc. — Cette région renferme fort peu de Fougères ; aussi nous ne nous étendrons pas sur les subdivisions que l'on pourrait y établir et dont nous traiterons par la suite, lorsque nous aurons formé une flore complète du Mexique.

Nous ne trouvons à citer dans cette région que

1 *Aspidium abruptum*.

dans le sol gneissique d'Oaxaca.

**** *Sous-région des plaines*.** — Caractérisée par ses plantes généralement épineuses (*Mimosae, Agavideae, Bronnia spinosa*, par une foule de *Cacteae, Euphorbiaceae*, etc.), elle n'offre point de Fougères. Sol généralement aride et calcareux. Température moyenne de 18° à 21°.

3° RÉGIONS FROIDES.

A. *Du versant oriental de la cordillère*. — Cette région se caractérise par ses pins, ses *Ericaceae* arborescentes, par ses crucifères, par une foule d'espèces de *Renonculaceae*, par l'absence d'*Aacae* et de *Malphinongiaceae*, etc., enfin les lianes y sont peu abondantes.

Ses limites inférieures alternent avec les régions tempérées et oscillent entre 5500 et 7000 pieds. De 7500 pieds, à la limite des neiges perpétuelles, on trouve une série de petites régions qui présentent des flores assez différentes entre elles : ainsi, de 6000 à 8000 pieds (au pic d'Orizaba), on trouve les derniers *Smilax*; de 8000 à 10,000 pieds, région fertile en *Pyrolaceae* et Fougères ; de 10,000 à 12,000 pieds, les grands pins et les grands chênes abondent ; à 12,000 pieds, ces chênes disparaissent ; à 12,500 pieds, la végétation est clair-semée ; à 12,000-13,000 pieds, on trouve, dans les sables volcaniques, quelques *Viola*, des *Castilleja*, des *Ranunculus* et des *Graminae*; mais les Fougères ont disparu à 11,200 ou 12,500 pieds.

Nous diviserons notre liste de Fougères de cette région en espèces du sol volcanique et en espèces du sol calcaire et schisteux.

SOL VOLCANIQUE.	SOL CALCAIRE.
4 *Acrostichum*.	2 *Lycopodium* (1 se retrouve sur le sol basaltique de Xalapa).
1 *Gymnogramme*.	
1 *Xiphopteris*.	1 *Ophioglossum* (se retrouve dans les régions chaudes de l'Amér. mérid^le).
3 *Polypodium*.	
1 *Allosorus*.	1 *Mertensia*.

<table>
<tr><td>SOL VOLCANIQUE.</td><td>SOL CALCAIRE.</td></tr>
</table>

SOL VOLCANIQUE.	SOL CALCAIRE.
2 *Pteris*.	5 *Acrostichum* (1 des régions tempérées).
2 *Asplenium*.	1 *Grammitis* (se retrouve dans les régions tempérées).
1 *Woodwardia*.	1 *Xiphopteris*.
2 *Aspidium*.	6 *Polypodium* (3 se retrouvent dans les régions tempérées).
1 *Adiantum*.	1 *Taenitis* (1 se retrouve à Xalapa).
1 *Cheilanthes*.	1 *Antrophium*.
——— 18 espèces.	1 *Blechnum*.
	2 *Pteris* (1 descend dans la région tempérée).
	3 *Asplenium*.
	1 *Coenopteris*.
	2 *Aspidium*.
	4 *Adiantum* (1 se retrouve dans le sol volcanique du pic d'Orizaba, et 1 descend dans la région tempérée).
	2 *Cheilanthes*.
	——— 34 espèces.

26 des 30 espèces de la région froide calcaréo-schisteuse sont propres à ce sol ; 9 espèces se retrouvent dans les régions tempérées, et 1 seule dans le sol basaltique des régions froides.

17 des 18 espèces du sol basaltique lui sont propres, et appartiennent aux limites les plus élevées des régions végétales de 9000 à 12,500 pieds.

B. *Régions froides du versant occidental de la cordillère.* — Elles présentent à peu près le même facies que les régions froides des versants océaniques de la cordillère orientale ; nous rangerons aussi dans ces régions toutes les montagnes du centre du Mexique qui dépassent 7000 pieds de hauteur absolue ; comme par exemple : les hauts pics du Popocatepetl, de l'Iztaccihuatl, de la Malinche, du Nevado de Toluca, du Cerro d'Ajusco (près de Mexico) ; les pics de Tancitaro, de Colima, le Cerro de Quinzéo ; les montagnes élevées de Patzquaro, le Cerro de Tequila, le Cangando, etc. ; régions présentant des différences végétales, géognostiques et climatériques assez tranchées pour mériter un examen spécial, que nous ne pouvons aborder ici ; enfin c'est à cette même région qu'appartiennent les districts montagneux de la Misteca Alta, de Sola, du Cerro de la Virgen et les sommités gneissiques de Yolotepèque, près de l'océan pacifique. Les limites supérieures de la végétation varient, dans les pics les plus élevés du centre du Mexique, entre 11,500 (Popocatepetl, Iztaccihuatl) et près de 13,000 pieds (pic de Toluca). C'est à cette région qu'appartiennent aussi le *Cheirostemon platanoïdes*, le *Bouvardia longiflora*, le *Millaea biflora*, le *Castilleja toluccensis*, etc. Le sol géologique est très-varié, généralement trachytique et volcanique dans les pics élevés; porphyrique et calcaire au N. de Mexico; porphyrique, schisteux et calcaire près de Guanaxuato; basaltique, dans le Michoacan et Jalisco; gneissique, syénitique et calcaire dans le département d'Oaxaca. Nous partagerons nos espèces de Fougères propres à cette région, en deux séries géologiques, selon qu'elles croissent dans les terrains basaltique, porphyrique et trachytique, ou qu'elles végètent sur le sol calcaire et gneissique.

SOL BASALTIQUE.	SOL GNEISSIQUE ET CALCAIRE.
1 *Acrostichum*.	2 *Aneimia* (descendent dans les régions tempérées du même sol).
3 *Polypodium*.	1 *Acrostichum* (de terre tempérée).
1 *Notochlaena*.	1 *Grammitis* (id.).
1 *Asplenium*.	1 *Polypodium*.
1 *Aspidium*.	1 *Pleiopeltis* (sur les limites de la région tempérée).
1 *Adiantum*.	3 *Notochlaena* (1 se retrouve sur le sol basaltique des régions froides occid[les]).
2 *Cheilanthes*.	2 *Allosorus*.
———	1 *Pteris* (se retrouve dans les régions tempérées).
10 espèces.	2 *Asplenium* (1 commun aux régions tempérées et chaudes; 1 de la région froide orientale).
	3 *Adiantum* (de la région froide orientale).
	1 *Cheilanthes* (appartient aussi à la région tempérée occidentale).
	———
	18 espèces.

Neuf des 10 espèces du sol basaltique lui sont propres; la 10e se retrouve dans la région froide gneissique.

Parmi les 18 espèces du sol gneissique, 8 seulement lui appartiennent; les 10 autres espèces se retrouvent dans les régions tempérées.

C. *Région froide des plaines.* — Dans cette région viennent se ranger la plaine de Mexico, celle de Toluca, les plaines de Guanaxuato et de Silao, etc., puis l'étendue immense de plaines près de Zacatecas, Durango et San Luis Potosi;

région généralement aride, où croissent en abondance l'*Agave americana*, le *Prosopis dulcis*, divers *Cereus*, le *Schinus molle*, etc. Nous ne nous appesantirons pas plus longtemps sur cette région , qui ne nous offre pas de Fougères.

En résumé , les régions chaudes orientale et occidentale nous ont fourni

en espèces 30

Les régions tempérées réunies 116

dont le sol basaltique 86 et le sol gneissique et calcaire 30.

Enfin les régions froides réunies 80

dont le sol basaltique 28 et le sol gneissique 52.

41 espèces se retrouvent dans différentes régions à la fois et sont exclusivement propres aux régions qui les nourrissent , quelques-unes même peuvent les caractériser ; enfin 1 seule espèce se retrouve dans les contrées méridionales de l'Europe.

Ainsi, 1° les *Lygodium* caractérisent les *régions chaudes* au Mexique ;

2° Les *Cyathea*, les *Cibotium*, les *Alsophila*, les *Osmunda*, les *Lomaria* et quelques espèces d'*Asplenium* caractérisent les *régions tempérées* en général ; et les 3 premiers genres cités caractérisent en particulier, et peut-être exclusiment, une fraction de ces régions, située sur le versant océanique de la branche orientale des Cordillères, entre 4000 et 6000 pieds d'élévation ; véritable région tempérée de 16 à 18° c., où s'abrite le liquidambar.

3° Les *Woodwardia*, les *Xiphopteris*, les *Notochlaena* (en général), les *Cheilanthes*, les *Caenopteris*, les *Antrophium*, peuvent caractériser les régions froides en général ; tandis que les régions les plus élevées, de 10,000 à 12,500 pieds de hauteur absolue, offrent 1 *Wordwardia*, N. S., 1 *Gymnogramme*, N. S., 3 *Achrostichum*, N. S., 1 variété nouvelle de *Pteris*, et 1 variété d'*Aspidium* ;

4° Enfin 122 espèces de Fougères sont particulières au sol basaltique des différentes régions botaniques du Mexique, et 60 espèces végètent exclusivement sur des terrains calcaires, gneissiques et granitiques.

TABLE ALPHABÉTIQUE DES ESPÈCES DE FOUGÈRES.

EXPLICATION DES PLANCHES.

Pl. n° 1.   *Botrychium decompositum.* Nobis. (De grandeur naturelle.)
Pl. n° 2, fig. 1. *Aneimia pilosa.* Nobis. (De grandeur naturelle.)

    1. Foliole séparée pour montrer la disposition des nervures.

Fig. 2. *Acrostichum pumilum.* Nobis. (De grandeur naturelle.)

    1. Squame des frondes grossie.

Pl. n° 3, fig. 1. *Acrostichum affine.* Nobis. (De grandeur naturelle.)
Fig. 2. *Acrostichum fulvum.* Nobis. (De grandeur naturelle.)

    a. b. c. d. Squames (grossies) des frondes stériles et de la fronde fertile.
    2. Portion (grossie 3 fois) des frondes stériles.

Pl. n° 4, fig. 1. *Gymnogramme pilosa.* Nobis. (De grandeur naturelle.)

    a. Foliole grossie indiquant la disposition des sores, des nervures et des poils.

Fig. 2. *Polypodium cordifolium.* Nobis. (De grandeur naturelle.)
Pl. n° 5, fig. 1. *Polypodium glaucinum.* Nobis. (Réduit de moitié.)

    1. *a.* Portion de la fronde (grossie 2 fois) indiquant les nervures.

Fig. 2. *Polypodium arancosum.* Nobis. (Réduit de moitié.)

    2. *a.* Portion de la fronde (grossie 2 fois) indiquant les nervures.

Pl. n° 6.   *Polypodium fulvum.* Nobis. (Réduit aux $^2/_3$.)
Pl. n° 7, fig. 1. *Polypodium delicatulum.* Nobis. (De grandeur naturelle.)

    1. *a.* Portion (grossie) de la fronde indiquant la disposition des poils.

Fig. 2. *Polypodium ferrugineum.* Nobis. (De grandeur naturelle.)

    2. *a.* Portion (grossie) de la fronde pour faire voir la disposition des sores.

Fig. 3. *Polypodium Galeottii* Martens. (Réduit au $\frac{1}{4}$.)

    3. *a.* Portion de la fronde (de grandeur naturelle.)

98   EXPLICATION DES PLANCHES.

Pl. n° 8, fig. 1. *Polypodium affine*. Nobis. (De grandeur naturelle.)

    1. *a.* Portion (grossie 2 fois) de la fronde montrant les nervures.

Fig. 2. *Polypodium pulchrum*. Nobis. (Réduit de moitié.)

    2. *a.* Portion (grossie 2 fois) de la fronde.

Pl. n° 9, fig. 1. *Polypodium biserratum*. Nobis. (De grandeur naturelle.)

    1. *a.* Foliole (grossie) indiquant la disposition des sores et des nervures.

Fig. 2. *Polypodium pilosissimum*. Nobis. (De grandeur naturelle.)

    2. *a.* Portion de la fronde (grossie) pour indiquer la disposition des poils.

Pl. n° 10, fig. 1. *Allosorus pulchellus*. Nobis. (De grandeur naturelle.)

    1. *a.* Foliole (grossie) détachée montrant les sores.

Fig. 2. *Allosorus chaerophyllus*. Nobis. (De grandeur naturelle.)

    2. *a.* Portion (grossie) de la fronde indiquant les nervures et la disposition des sores.

Pl. n° 11.   *Allosorus decompositus*. Nobis. (De grandeur naturelle.)

    a. Portion de la fronde (grossie) indiquant les nervures et les sores [1].

Pl. n° 12.   *Antrophium falcatum*. Nobis. (De grandeur naturelle.)
Pl. n° 13.   *Pteris Orizabae*. Nobis. (De grandeur naturelle.)
Pl. n° 14, fig. 1. *Pteris triphylla*. Nobis (De grandeur naturelle.)

    a. Portion (grossie) de la fronde indiquant la disposition des sores et des nervures.

Fig. 2. *Pteris fallax*. Nobis. (De grandeur naturelle.)

    2. *a.* Portion (grossie) de la fronde avec les nervures et les sores.

Pl. n° 15, fig. 1. *Asplenium minimum*. Nobis. (De grandeur naturelle.)
Fig. 2. *Asplenium polymorphum*. Nobis. (De grandeur naturelle.)
Fig. 3. *Asplenium parvulum*. Nobis. (De grandeur naturelle.)

    3. *a.* Foliole (grossie) centrale de la fronde.
    3. *b.* Foliole (grossie) inférieure.

Fig. 4. *Asplenium mexicanum*. Nobis. (Réduits aux $3/4$.)

    4. *a.* Portion (grossie) de la fronde.

Pl. n° 16.   *Coenopteris achillaefolia*. Nobis. (Réduite au $1/3$.)

    a. Portion. (De grandeur naturelle) de la fronde.
    b. Pinnule grossie.

---

[1] On a, par erreur, beaucoup trop appuyé, dans le dessin, sur la nervure médiane qui, dans l'échantillon desséché, est à peine visible.   (*Note de H. Galeotti.*)

Pl. n° 17, fig. 1. *Aspidium pumilum.* Nobis. (De grandeur naturelle.)
      Fig. 2. *Aspidium crinitum.* Nobis. (Réduit au $^1/_6$.)

    2. *a.* et 2. *c.* Portion. (De grandeur naturelle) de la fronde.
    2. *b.* Portion (grossie) pour indiquer les nervures et la disposition des sores [1].

Pl. n° 18.   *Aspidium athyrioïdes.* Nobis. (Réduit aux $^3/_4$.)

    a. Squame (grossie) de la fronde.
    b. Portion (grossie) de la fronde.

Pl. n° 19.   *Adiantum pellucidum.* Nobis. (De grandeur naturelle.)

    a. Portion (grossie) de la fronde.
    b. Foliole non fructifiée.

Pl. n° 20, fig. 1. *Cheilanthes candida.* Nobis. (De grandeur naturelle.)

    1. *a.* Portion (grossie) de la fronde.
    1. *b.* Fragment de la plante pour indiquer la disposition des premières pinnules [2].

      Fig. 2. *Cheilanthes lanuginosa.* Nobis. (De grandeur naturelle.)

    2. *a.* Portion (grossie) de la fronde.

Pl. n° 21, fig. 1. *Cheilanthes minor.* Nobis. (De grandeur naturelle.)

    1. *a.* Portion (grossie) de la fronde.

      Fig. 2. *Cheilanthes paleacea.* Nobis. (De grandeur naturelle.)

    2. *a.* Portion (grossie) de la fronde.
    2. *b.* Squame (*palea*) de la fronde.
    2. *c.* Squame de la tige.

Pl. n° 22.   *Alsophila pilosa.* Nobis. (Fragment de grandeur naturelle.)

    a. Portion (grossie) de la fronde pour faire voir les nervures, les sores et les poils.
    b. Foliole vue sur sa face supérieure.

Pl. n° 23.   *Alsophila fulva.* Nobis. (Fragment de grandeur naturelle.)

    a. Portion de fronde (grossie).

---

[1] On a oublié d'indiquer, dans le dessin, les paillettes qui recouvrent le rachis de la partie inférieure des pinnules.
                    (*Note de H. Galeotti.*)
[2] Dans l'échantillon représenté, on avait oublié d'indiquer le caractère le plus important de cette nouvelle espèce, c'est-à-dire la disposition des pinnules inférieures, qui sont *bipinnatœ.*   (*Note de H. Galeotti.*)

FIN.

Botry.chium decompositum. *Nobis.*

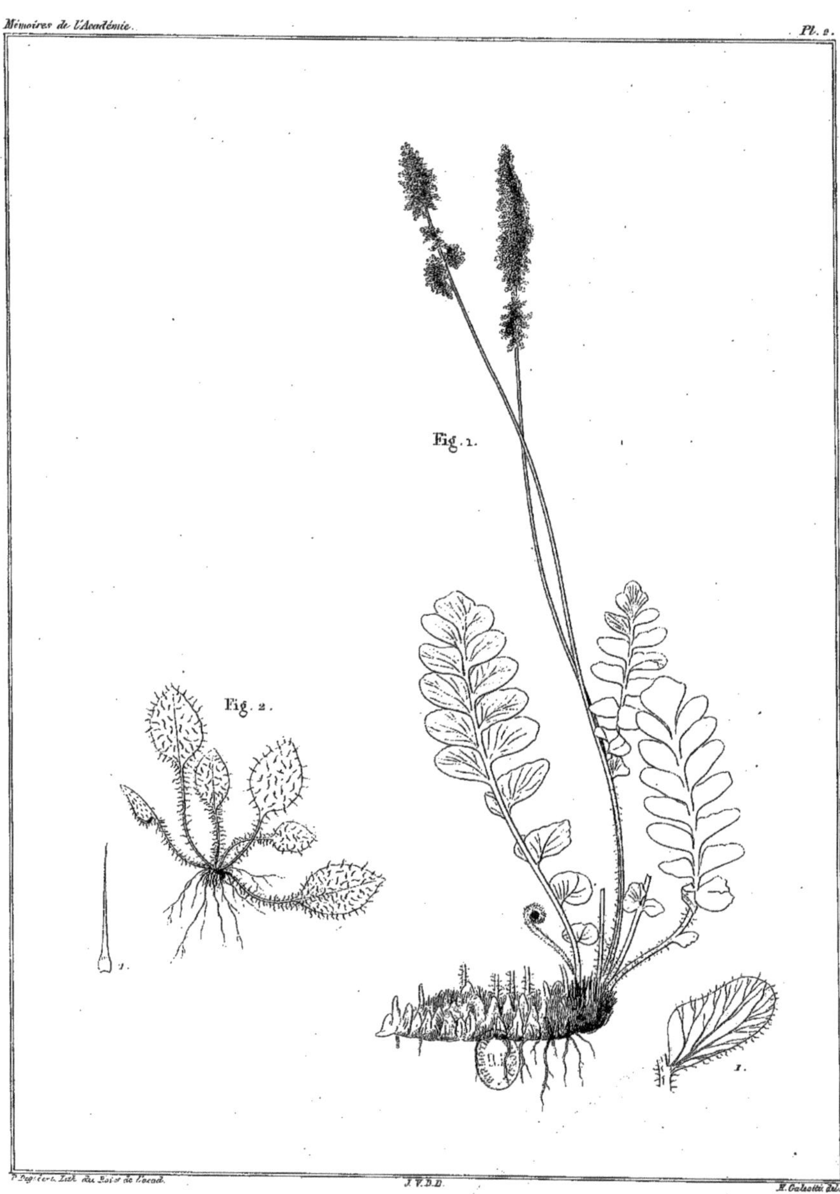

Fig. 1.

Fig. 2.

Fig. 1. Aneimia pilosa *Nobis*. Fig. 2. Acrostichum pumilum. *Nobis*.

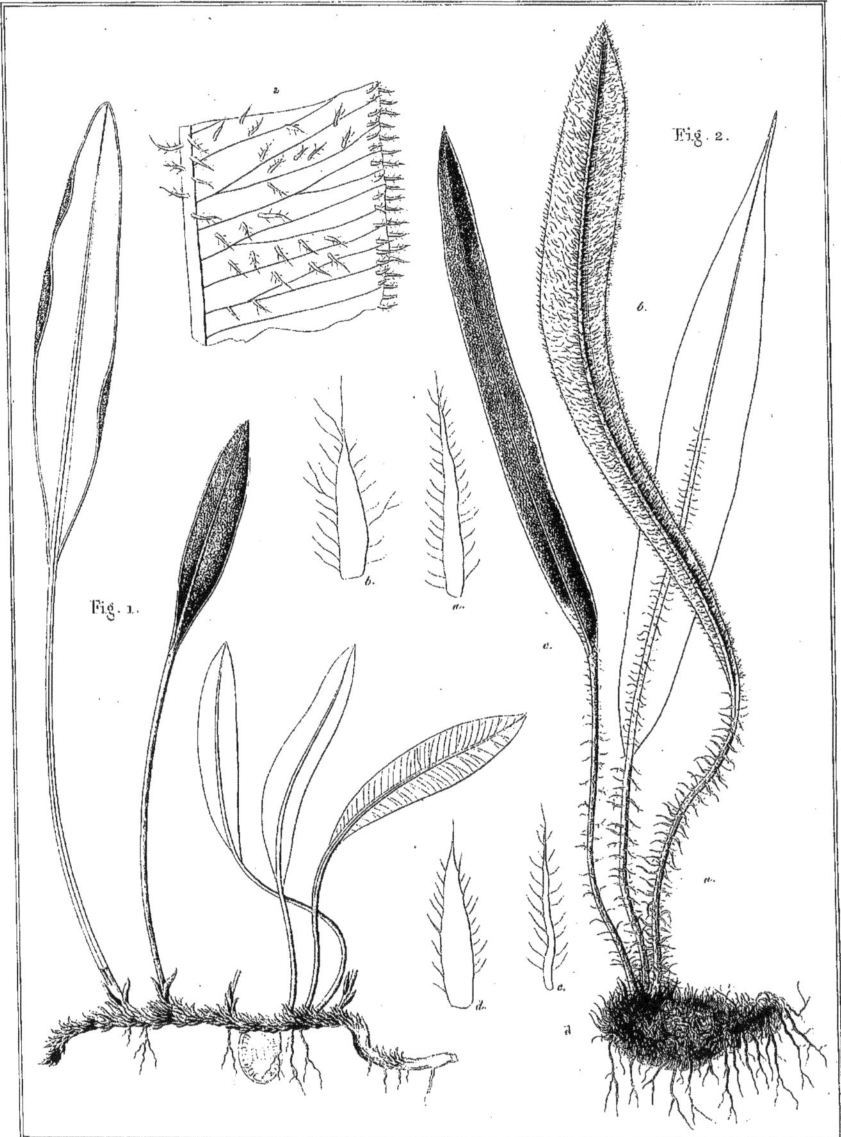

P. Degobert lith. du Roi et de l'Acad.   J.V.D.D.   H. Galeotti del.

Fig. 1. Acrostichum affine. *Nobis*. Fig. 2. Acrostichum fulvum. *Nobis*.

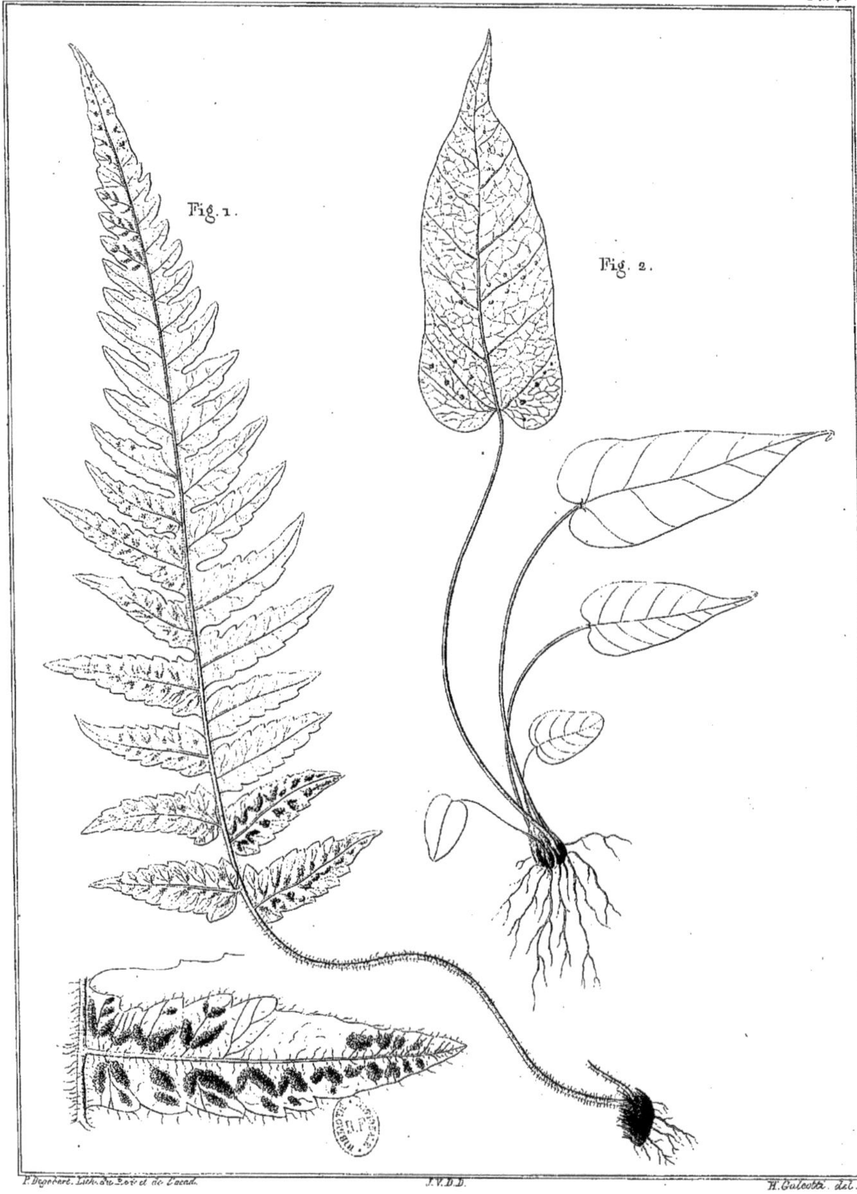

P. Degobert. Lith. du Roi et de l'Acad. J.V.D.D. H. Galeotti. del.

Fig. 1. Gymnogramme pilosa. *Nobis*. Fig. 2. Polypodium cordifolium. *Nobis*.

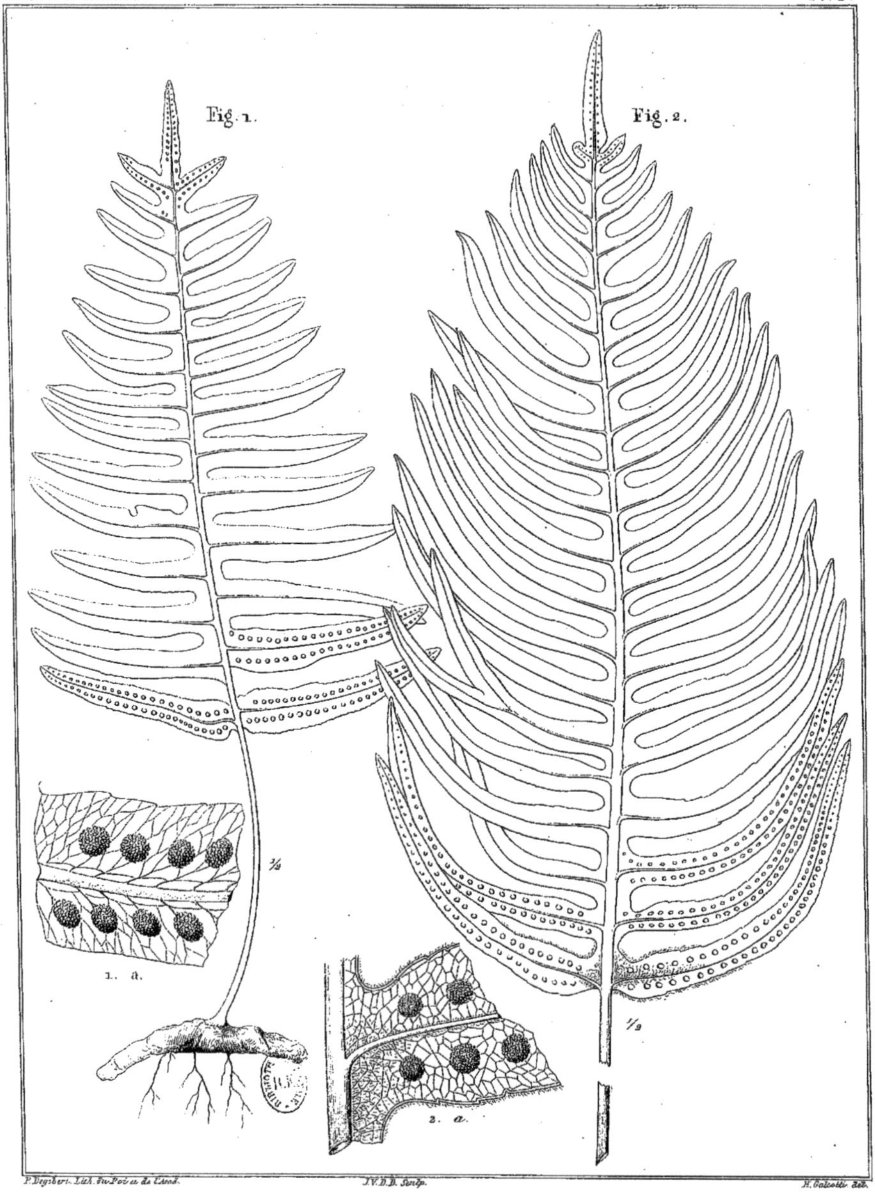
Fig. 1.
Fig. 2.
1/2
1. a.
2. a.
1/2

P. Degobert, Lith. du Pal. de l'Acad. J.V.D.D. Sculp. H. Galeotti del.

Fig. 1. Polypodium glaucinum. *Nobis*. Fig. 2. Polypodium Araneosum. *Nobis*.

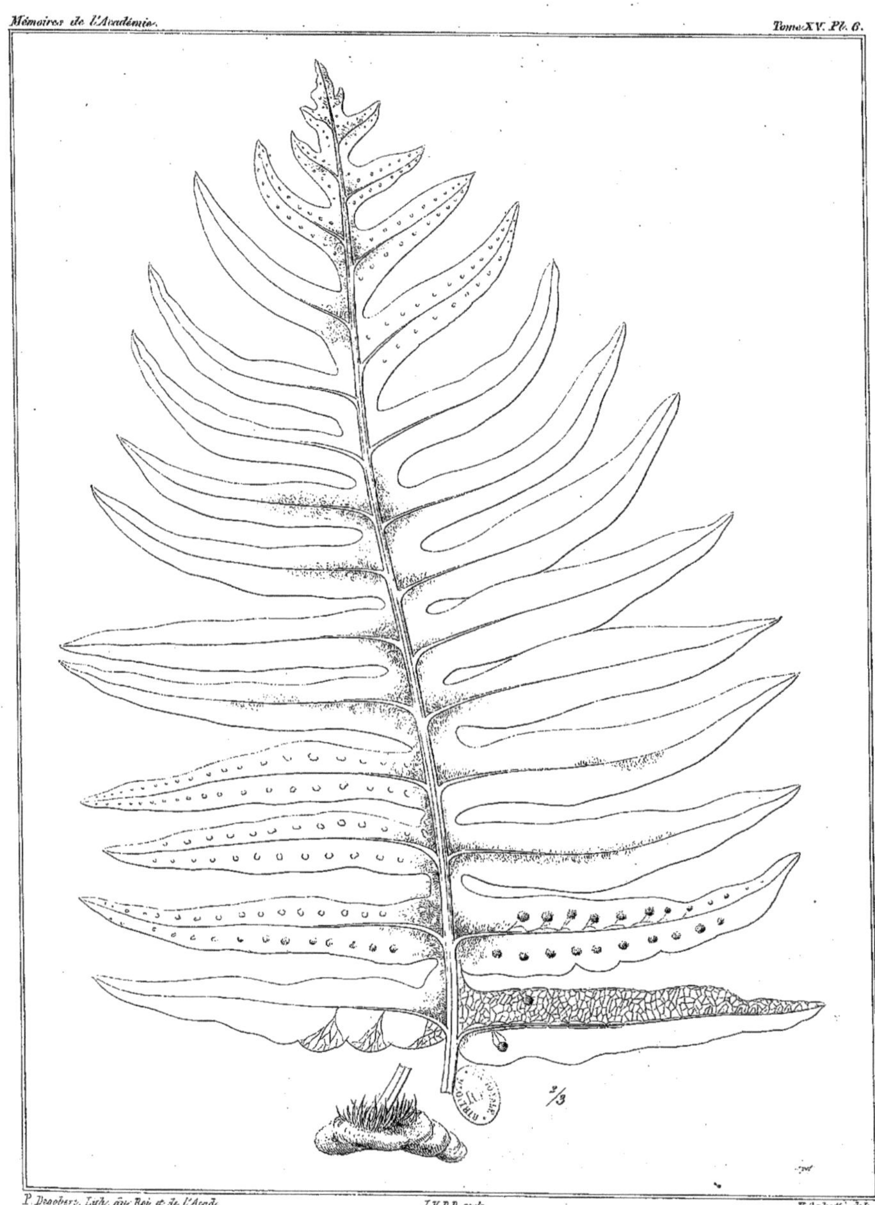

P. Dégobert, Lith. au Roi et de l'Acad.   J. V.D.D. sculp.   H. Gainetti del.

Polypodium fulvum. Nobis.

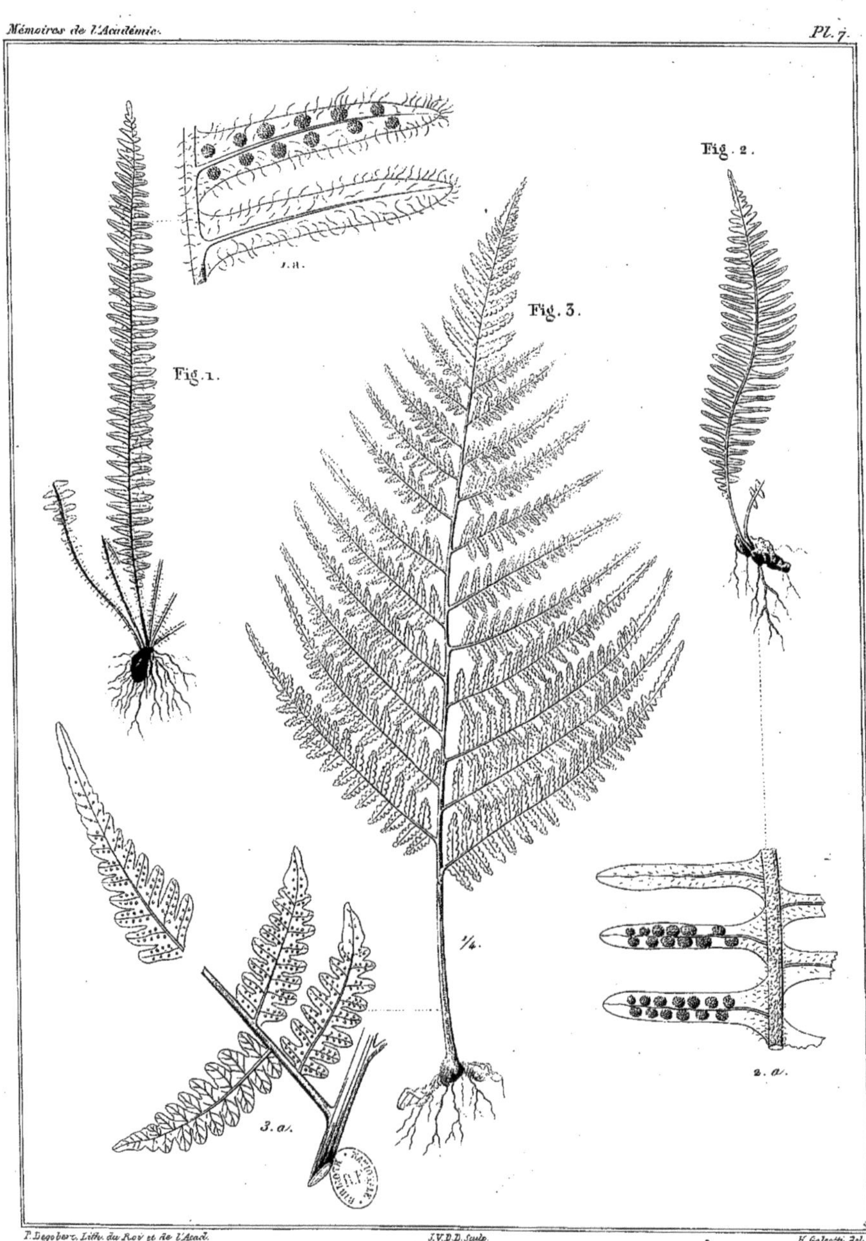

Fig. 1. Polypodium delicatulum. *Nobis.* Fig. 2. Polypodium ferrugineum. *Nobis.* Fig. 3. Polypodium Galeottii. *Martens.*

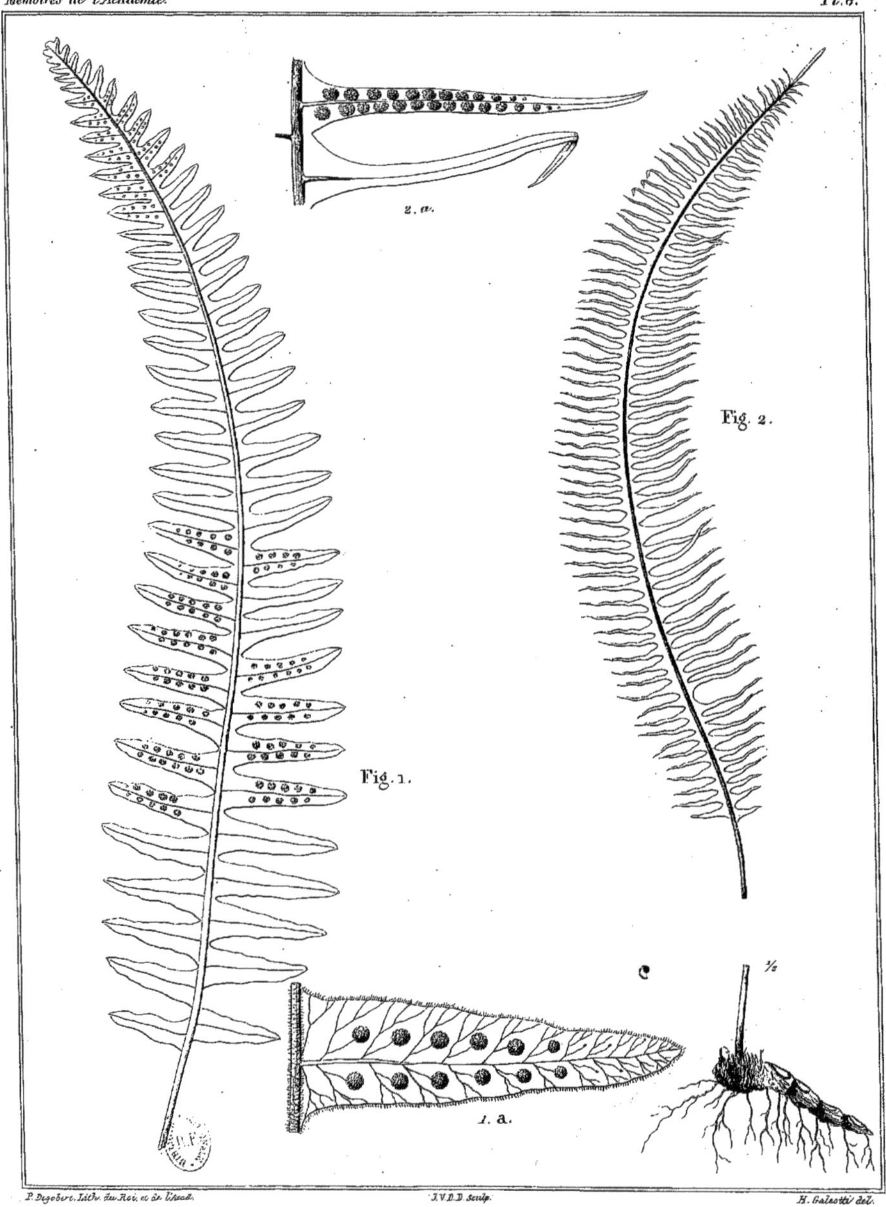

Fig. 1. Polypodium affine. *Nobis.* Fig. 2. Polypodium pulchrum. *Nobis.*

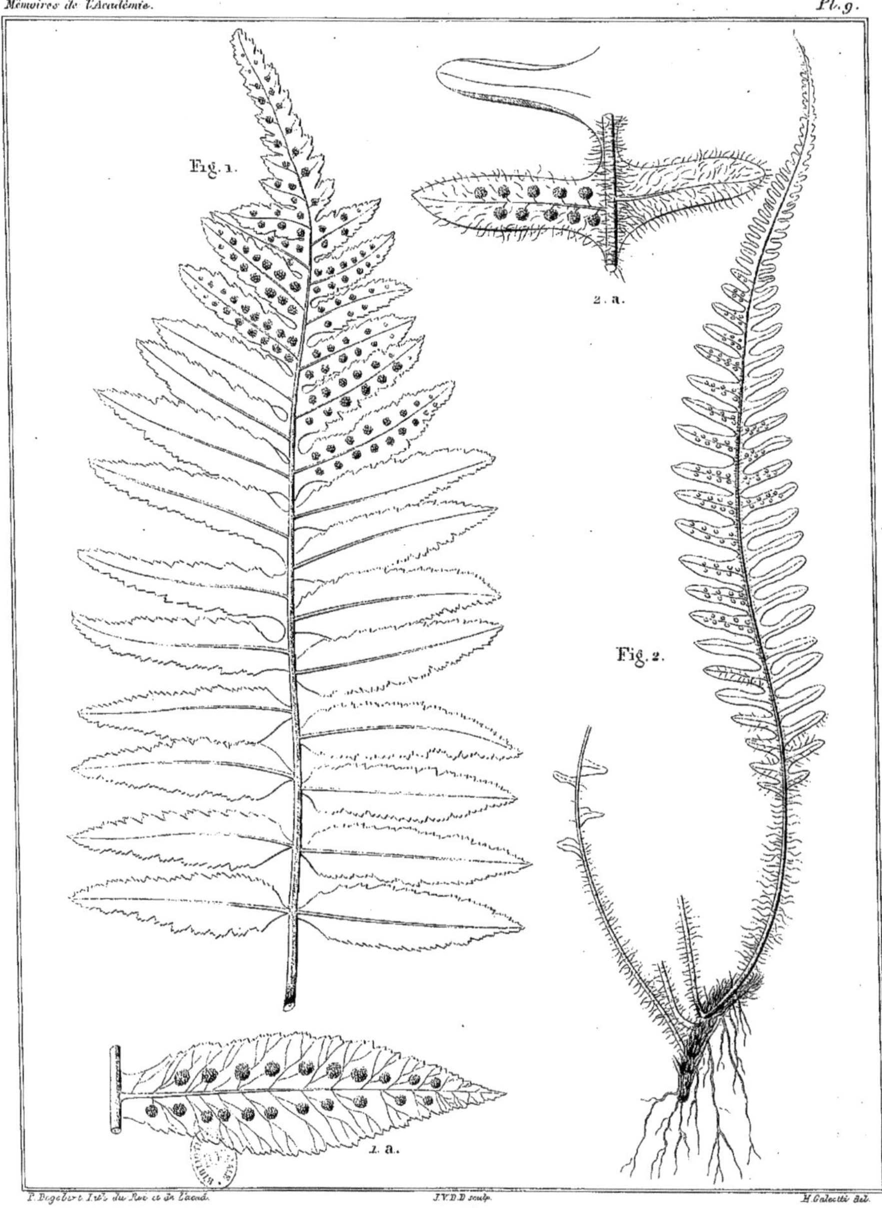

Fig. 1. Polypodium biserratum. *Nobis*. Fig. 2. Polypodium pilosissimum. *Nobis*.

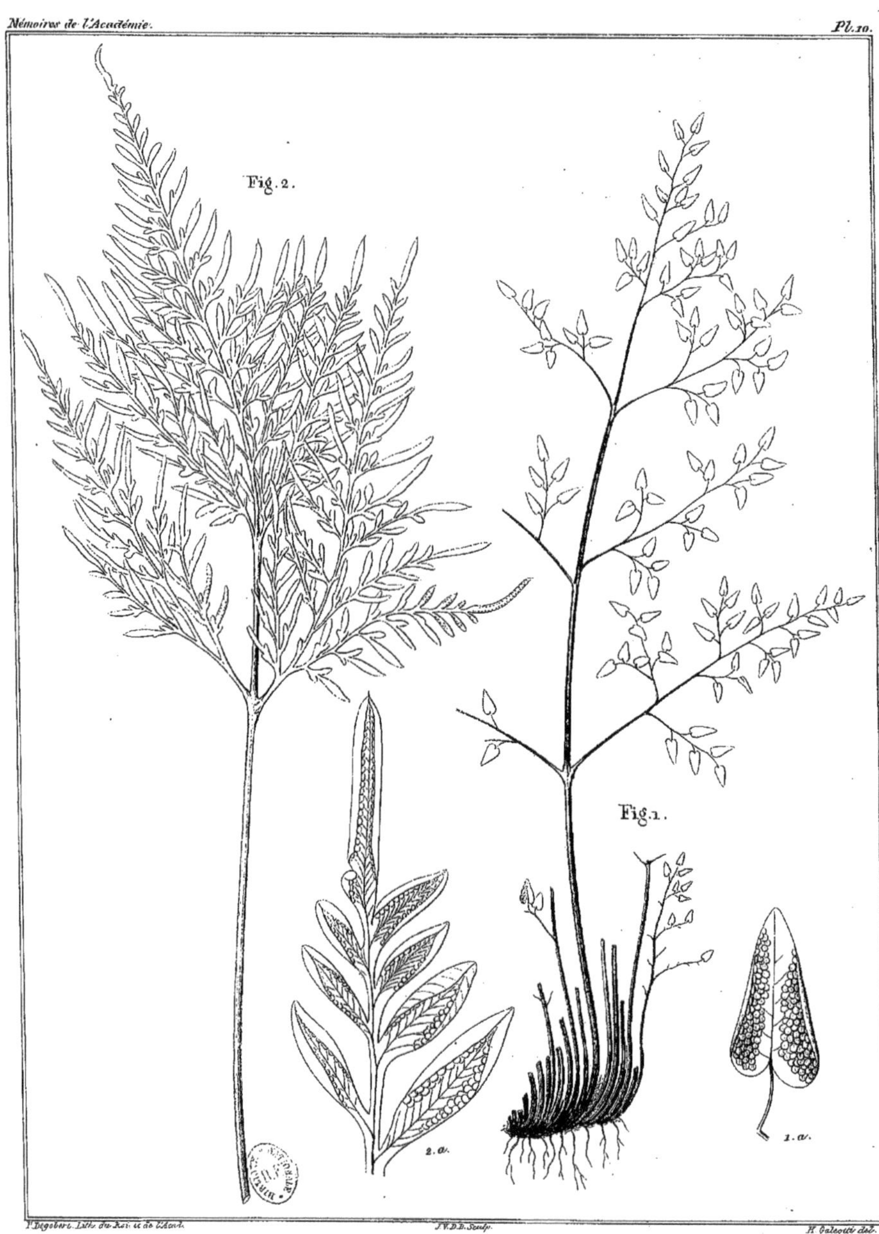

Fig.1. Allosorus pulchellus. *Nobis*. Fig. 2. Allosorus decompositus. *Nobis*.

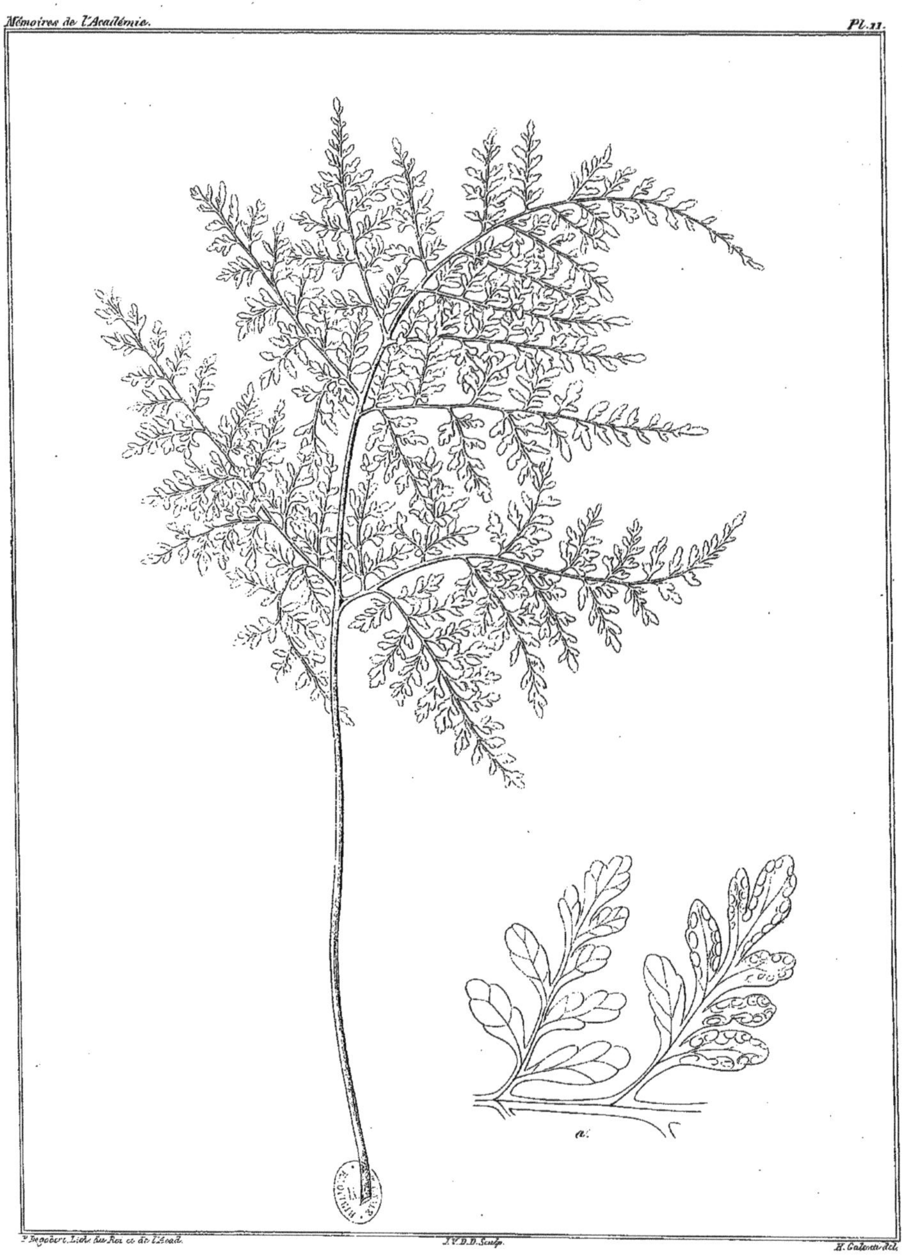

Allosorus chœrophyllus. *Nobis.*

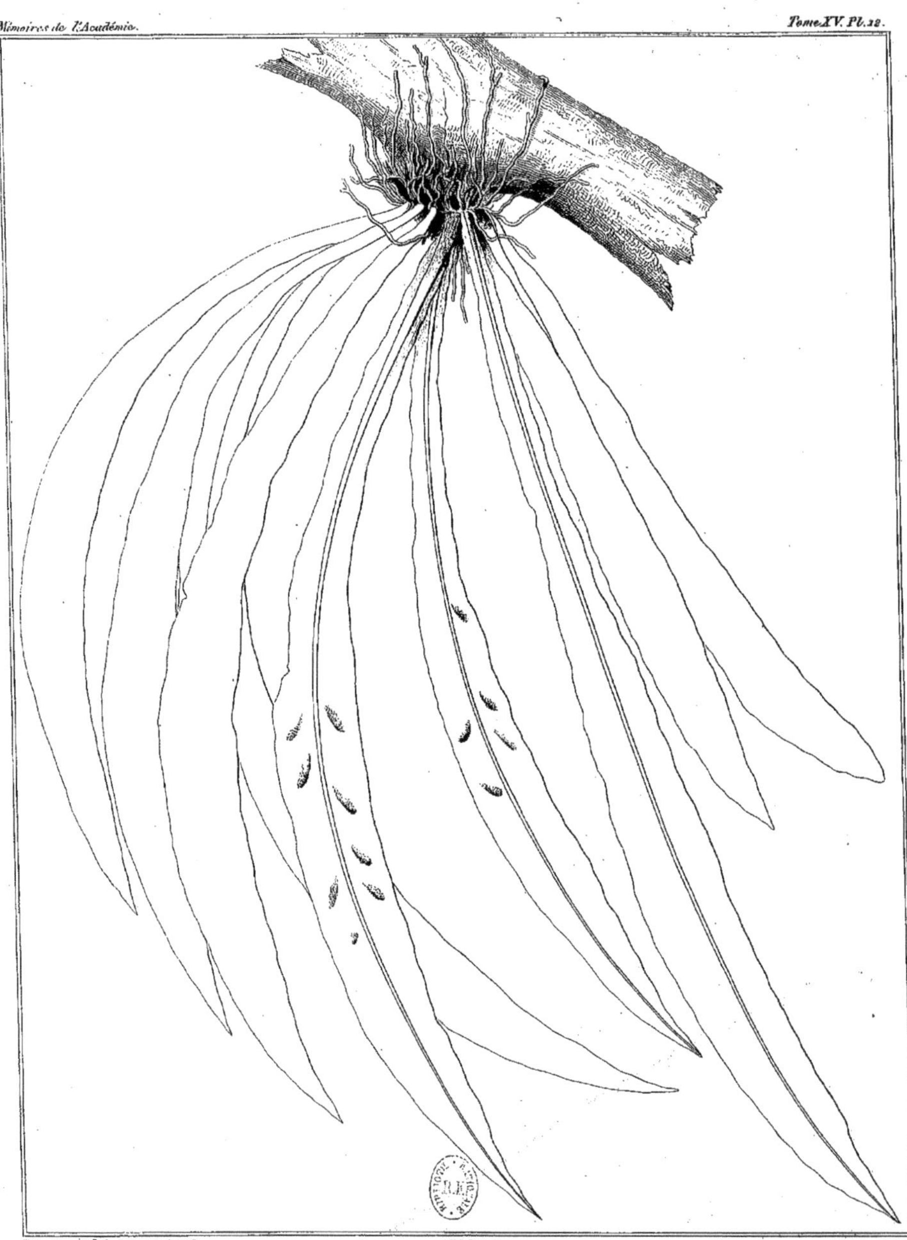

Anrophium falcatum. *Nobis.*

a.

Pteris Orizabæ. *Nobis*.

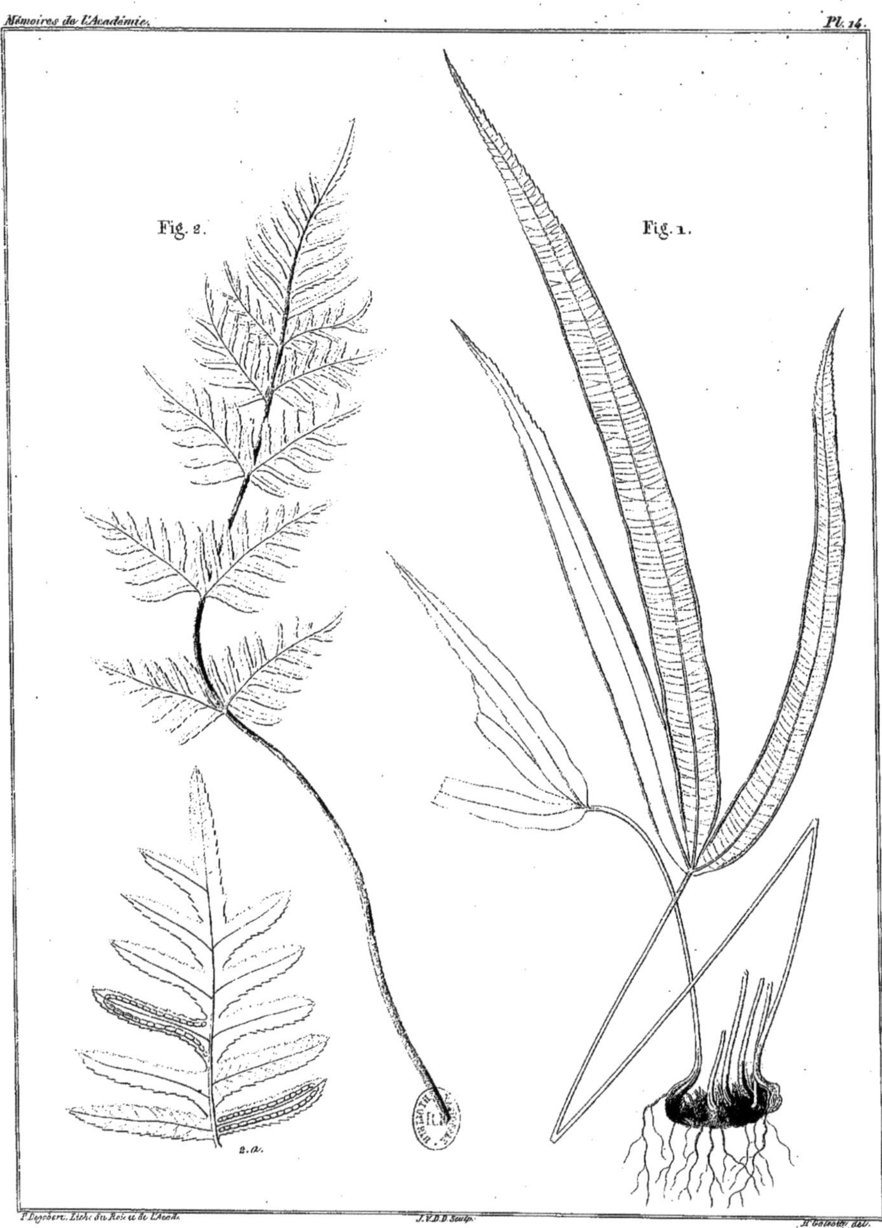

P. Dezobri. Lith. du Roi et de l'Acad.   J.V.D.D Sculp.   H Golester del.

Fig. 1. Pteris triphylla *Nobis*. Fig. 2. Pteris fallax. *Nobis.*

F. 1. Asplenium minimum. *Nobis*.

F. 3. Asplenium parvulum.

F. 2. Asplenium polymorphum.

F. 4. Asplenium Mexicanum.

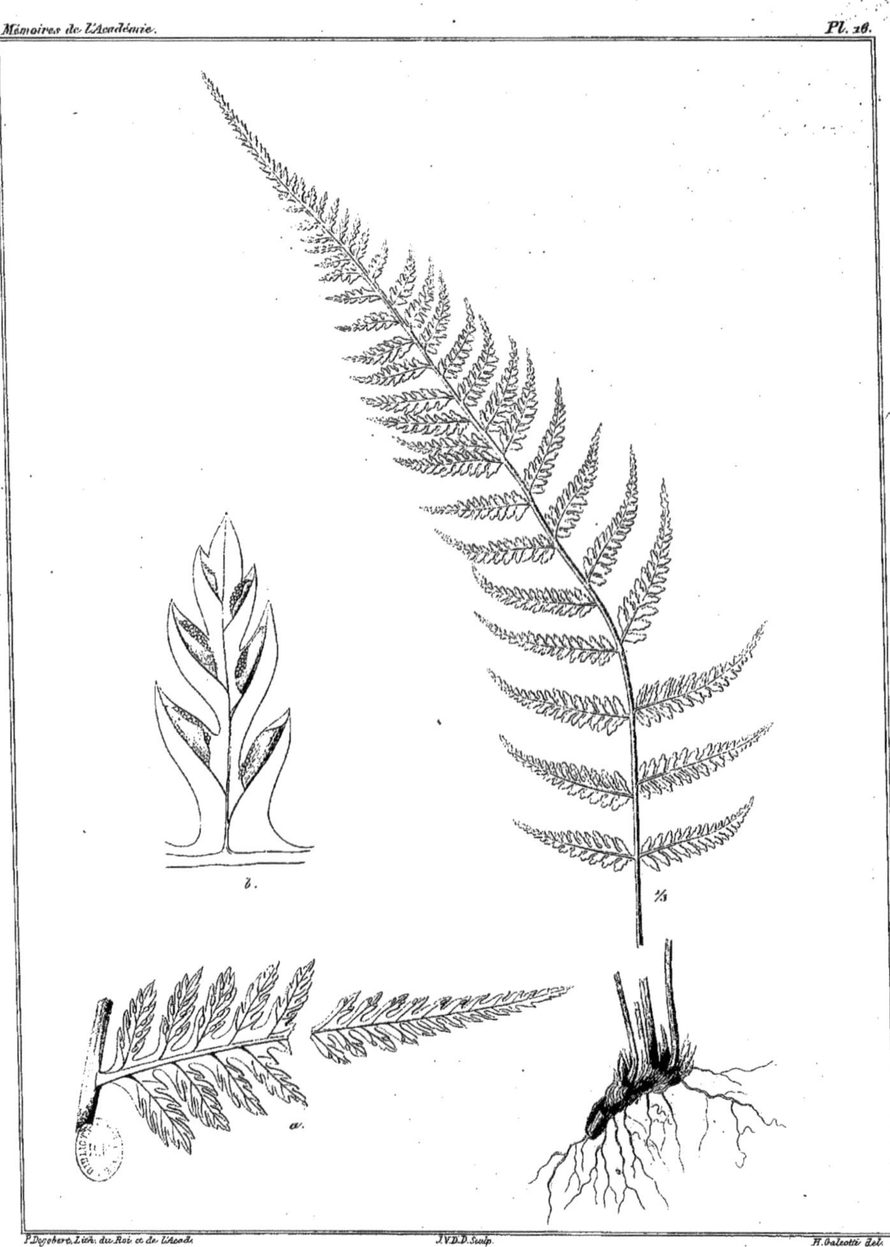

Cœnopteris achillœfolia . Nobis .

P. Degobert, Lith. du Roi et de l'Acad.   J.V.D.D. Sculp.   H. Galeotti del.

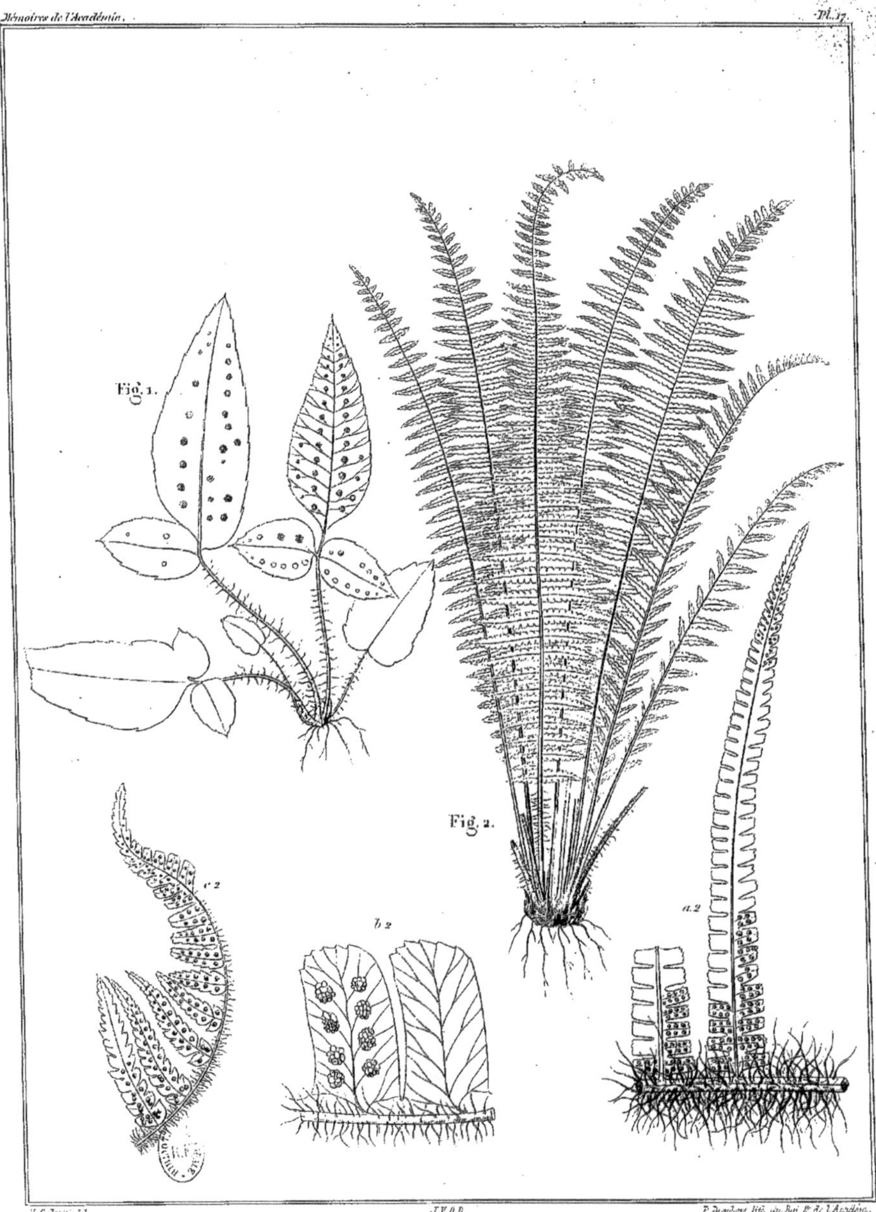

H. Le Brun. del.   J.V.D.D.   P. Digeon. lith. du Roi P. de l'Académie.

Fig. 1 Aspidium pumilum. *Nobis.* Fig. 2 Aspidium crinitum. *Nobis.*

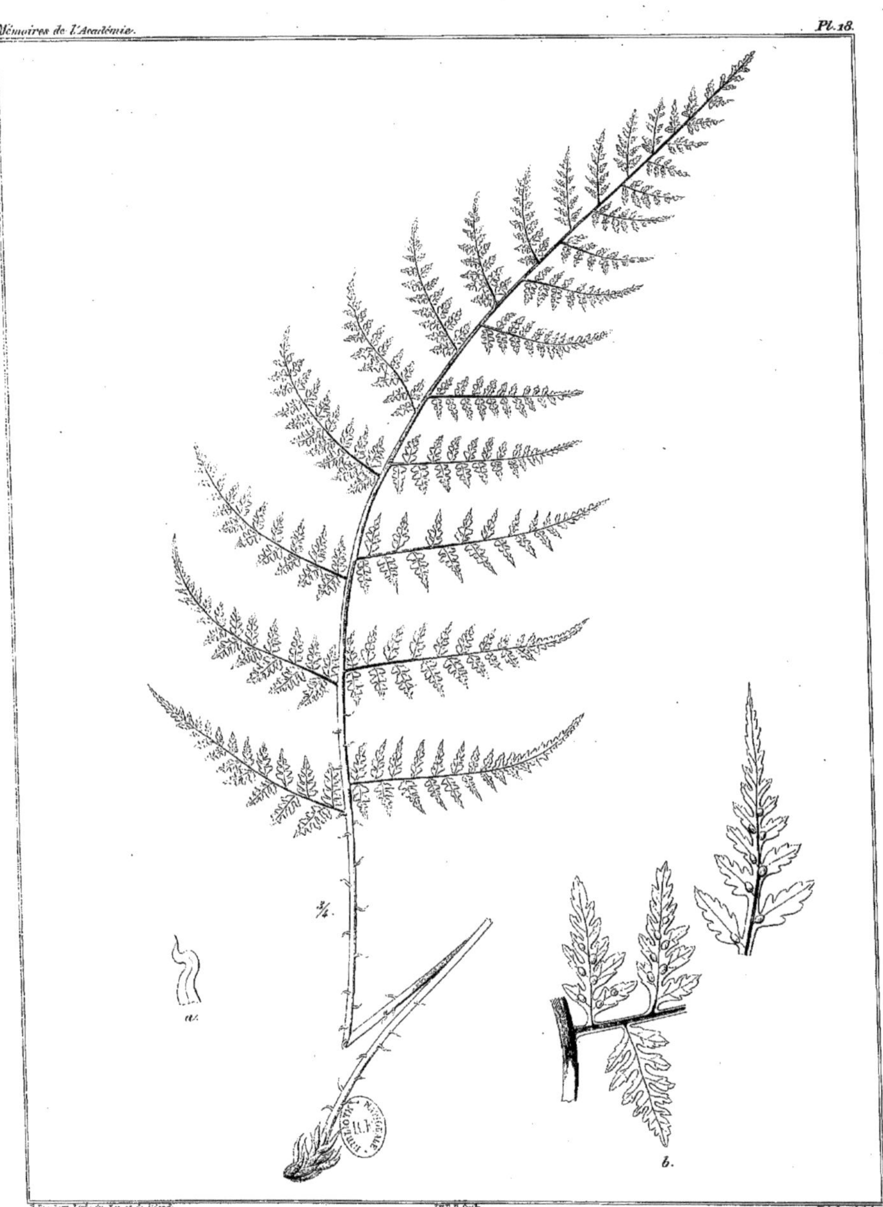

Aspidium athyrioides. *Nobis.*

P. Dupont, Lith. du Roi. et de l'Acad.   J.V.D.D. Sculp.   H. Galeotti del.

Adiantum pellucidum. *Nobis.*

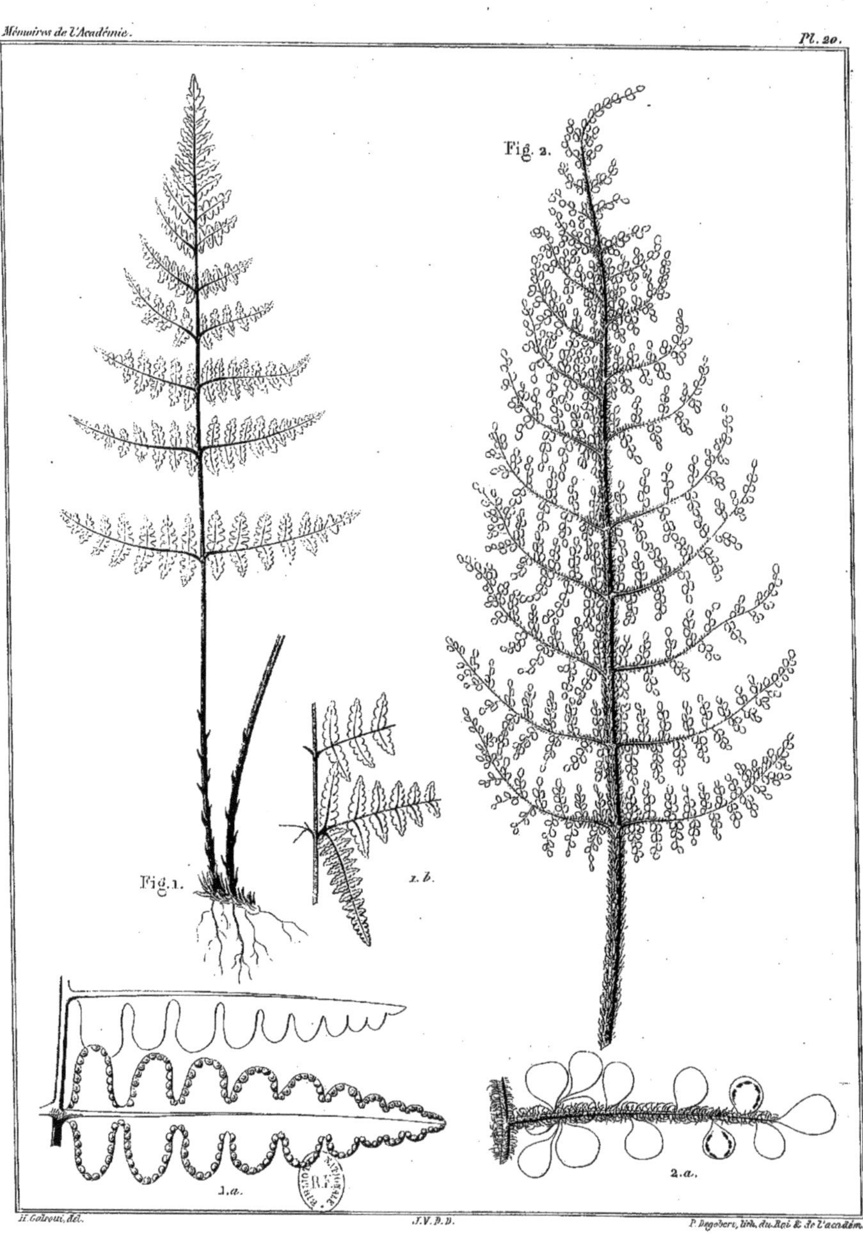

1.Cheilanthes candida. *Nobis.* 2.Cheilanthes lanuginosa. *Nobis.*

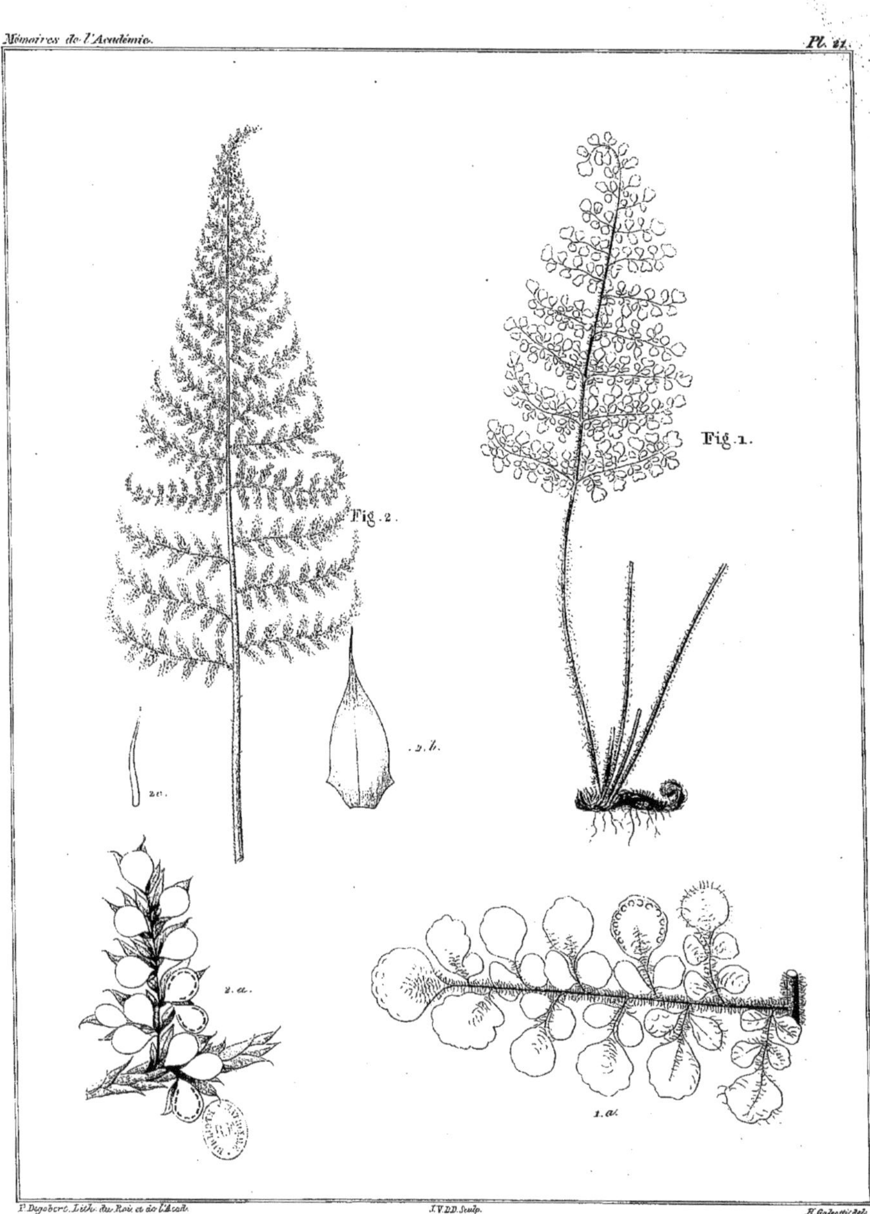

Fig. 1.

Fig. 2.

Fig. 1. Cheilanthes minor. *Nobis.* Fig. 2. Cheilanthes paleacea. *Nobis.*

Alsophila pilosa. Nobis.

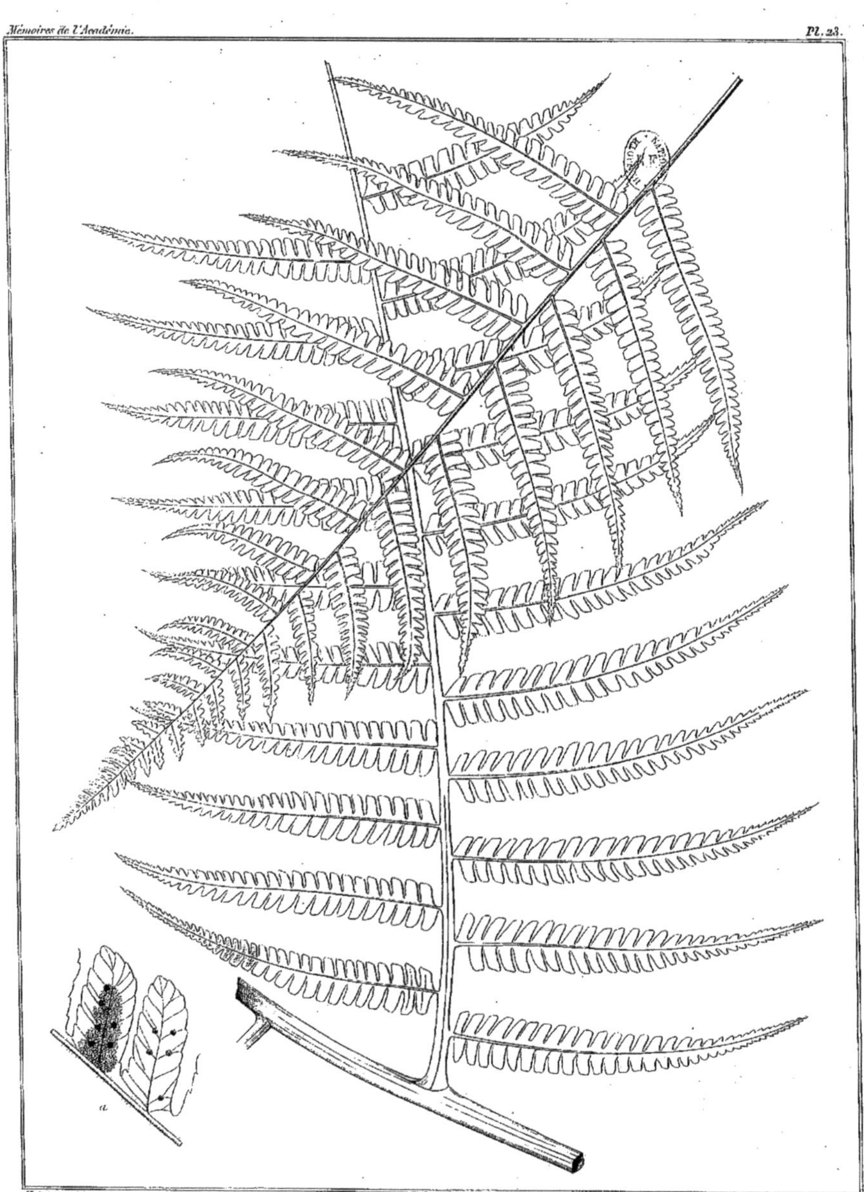

Alsophila fulva. *Nobis.*

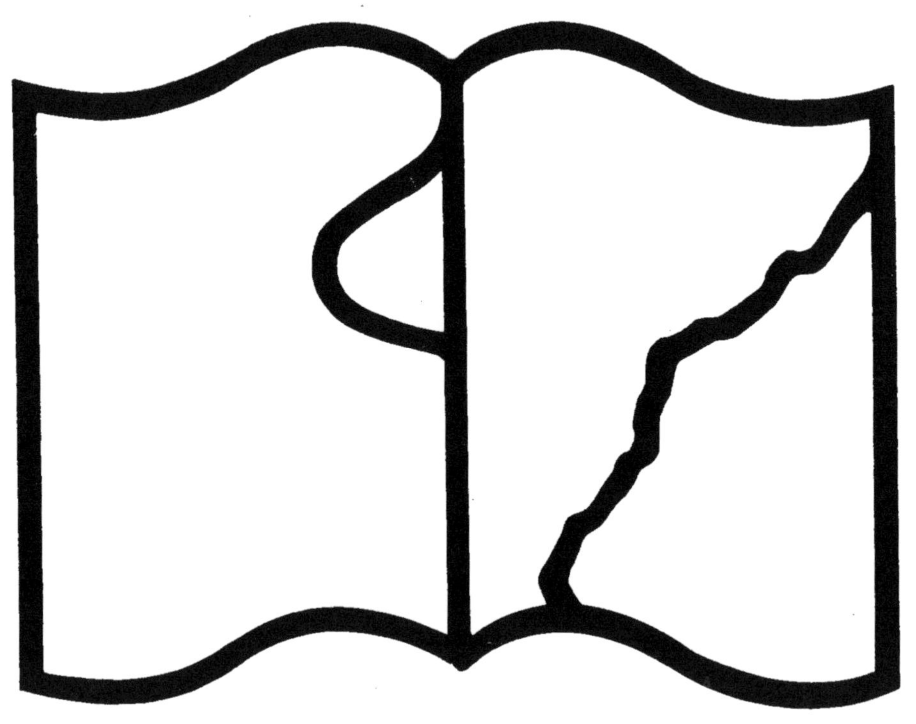

Texte détérioré — reliure défectueuse

NF Z 43-120-11